遊戲式運算思維
學 Python 程式設計

張隆君　編著

 全華圖書股份有限公司　印行

序章

從遊戲啟動學習樂趣

　　從學校博士班畢業並沒有選擇直接教書，而是先到科技公司的研發單位和金融企業的業務單位去學習磨練，總覺得工作或學習就要有趣才能讓人一直想要繼續下去。當初在公司參與過 Nokia、DELL、HP、LG、Alpine 等大公司的專案，總是在有趣且新奇的引領下，讓我一直保持著熱忱，一步步去完成這些軟體專案的工作。離開業界、來到大學教書，在教書的過程中，常會看到學生遇到問題總是不知該如何解決而選擇放棄；但若是玩遊戲卡關時，卻又知道要如何找答案來破關。在帶領學生上創意課程時，學生常抱怨產品不好用，但問學生會想要如何改良，讓它變得好用？大部分的學生都是兩手一攤，並說：「我怎麼會知道」。

　　在教學現場遇到的問題，其實也是現實生活或職場上也常遇到的，因為現在人們主動自主動腦筋去進行思考的次數太少了。記得我在國小帶領課後科學社團時，小朋友總是會一直問：「老師，為什麼會這樣？」、「老師，我知道它是什麼原理！」、「老師，它應該是 A 加 B 產生出來的吧？」。國小的小朋友會儘量的開口去表達出他認為的答案，不管答對或答錯，都會很勇敢的表達出來。可是，為何到了大學甚至到了工作職場，都不敢說說自己所認為的可能性呢？是因為真的不知道、沒自信，還是先前的教育模式讓學生習慣等老師的標準答案，而忘了該如何自己去思考問題。

　　回想過往所知道的教學模式，總是依循課本的架構與大綱順序來教，這樣的教學模式，常常會讓學生不清楚學會後要應用到何處和要如何應用，這些困擾常會造成學生的內心焦慮，就算學會也不會運用，最後失去學習動力，進而排斥學習，甚至放棄學習。問題是，對於一位初學者而言，一開始根本不知道要從何下手，也不清楚要如何擬定解題方法後畫出流程圖，甚至利用畫出的流程圖去了解問題解決的運作邏輯，更遑論可以有效幫助學生寫出正確的程式。

另外，程式設計的語意和語法對初學者確實是一件艱困的學習，過程中還要顧及程式邏輯是否合理，真的會是一件非常困難的學習歷程。

本書提出的遊戲式運算思維學 Python 程式設計課程，在研究的結果顯示，的確可以提升學習動機與成效。因為透過桌遊的互動性來引發興趣，讓學習者自行設計一套屬於自己的桌遊（包含所有的規則與條件），再透過引導的方式帶領學習者分析自己設計的流程，最後再經由程式的模組設計後，進行最終的整合。如此，可以讓學習者為了完成自己設計的桌遊一直保有動機與熱忱，進而完成桌遊數位化的任務，也因此學到程式設計所要教授的知識。

本書的結構組織分成兩部分，第一部分是「紙上談兵」，包含在第一堂課先跟各位介紹運算思維，為何需要學習運算思維，其重要性為何；第二堂課則讓各位了解桌遊的歷史介紹與實際桌遊體驗；第三堂課讓各位透過創意設計出一套屬於自己的特色大富翁桌遊；第四堂課則開始帶領各位進行桌遊的操作步驟分析，以及設計可能使用到的資料結構；第五堂課將步驟轉化成圖形化的流程圖。第二部分是「上機實作」，包含第六堂課將前面流程圖轉換成流程實作步驟；第七堂課介紹數位化過程中會使用到的變數與串列結構；第八堂課模擬玩家移動、切換及資料輸出與輸入等；第九堂課則利用更有效率的類別與物件來進行資料記錄與使用；第十堂課到第十三堂課則分析與設計大富翁地圖上各區塊的狀況；第十四堂課則帶領各位學習函式將大富翁地圖印製出來；第十五堂課則將前面各單元模組的結果進行整合與測試；最後一堂課將展現數位化的成果，並再次說明整個設計流程的優點。

透過本書編排的順序來學習，你將會發現撰寫程式並不困難，反而會覺得相當有趣且會有滿滿的成就感。

運算思維實踐家

張隆君

angus77@ntub.edu.tw

目錄

 第二部分　上機實作

第一部分

紙上談兵

第 01 堂課

運算思維介紹

Lv 1

台灣經濟競爭力主要依賴科技發展，科技人才培育的結果，將影響台灣未來發展甚大。在現今知識經濟時代中，將台灣科技教育，向下扎根、從小教育，以落實科技教育之推動，提升全民科學素養，為國家培養優秀之科技人才，提升國家的經濟競爭力。

近年來，政府大力推廣資訊科學教育，「程式設計」成為「108 課綱」中眾所矚目的焦點，2019 年後，高中／國中學生都要學程式設計。因為，程式設計能讓孩子自己思考、設計並實作各種創作，旨在培養學生「運算思維與問題解決」、「資訊科技與合作共創」、「資訊科技與溝通表達」及「資訊科技的使用態度」等能力。

然而，在大學教授程式設計這些年，會發現任何一種程式語言本身都不難（僅語法上的部分差異），其基本精神架構都差不多，且邏輯運算思維是完全相通的。在實作上學生常遇到的困難點是題目看不懂、不知從何開始、無法表達與判斷先後順序、不知如何歸納整理規則、畫不出作業處理流程等。所以，個人認為邏輯運算思維是寫程式最基本的能力。

除了在學校需要學習與運用運算思維，在日常生活處理事情、工作職場執行專案等，也是非常需要這項能力的。在工作上，當公司要你負責一項新的專案，你在接到這項任務後，就要開始透過一系列有邏輯性的思考方式想想該如何進行；當遇到問題時，靜下心來面對問題、找出發生問題的原因、提出可能的解決方式、確認可行的解決步驟、實際執行問題解決方案。有了這麼一套運算思維解決問題的技巧，將有助於工作職場上的問題解決。

因此，在這一堂課中，我們將先為各位介紹何謂「運算思維」，並舉一個例子來說明運算思維所強調的重點；接著，再針對「運算思維的結構」做說明。

⭐ 何謂運算思維

近年來，運算思維作為學生在學習資訊科學和其他學科中的重要技能，是漸漸被認可的。然而，雖然「運算思維」一直備受關注，但在學校課程中，很少作為正式的課程來教授；對於運算思維究竟是什麼，以及如何進行教學和評估，幾乎沒有一定的標準答案。

在 2006 年，Wing（"Computational thinking," Communications of the ACM, 49(3), 33-35, 2006）率先提出**運算思維**（Computational Thinking，簡稱 CT）這個名詞。他在文中提到，運算思維是一種解決問題的方法。且在 2008 年（"Computational thinking and thinking about computing," Philosophical

Transactions of the Royal Society, 366, 3717-3725, 2008）再次說明，運算思維會影響到每個人在每個領域的表現與努力，而這也讓我們該好好審視，目前所使用的教育教學方式是否足以迎接新的挑戰。Google 很重視運算思維，並架設了一個運算思維的學習網站（Computational thinking for educators, Google，https://computationalthinkingcourse.withgoogle.com/course）不遺餘力地推動 CT 教育，並提出了四個 CT 核心能力：

* **拆解**（Decomposition）：將資料、流程或問題拆解成較小且好理解的部分。Breaking down data, processes, or problems into smaller, manageable parts.
* **型態辨識**（Pattern Recognition）：觀察資料的型態、趨勢和可能的規則。Observing patterns, trends, and regularities in data.
* **抽象化**（Abstraction）：找出這些型態的一般性通則。Identifying the general principles that generate these patterns.
* **設計演算法**（Algorithm Design）：設計出能夠解決此問題和其他類似問題的流程步驟。Developing the step by step instructions for solving this and similar problems.

由以上四個 CT 核心能力就可以看出，「運算思維在乎的是解題的過程而不是計算效能」。在現實生活裡，當公司老闆給你一個專案，你覺得老闆在專案的結案上，最在乎的是什麼？

* 專案是否有如期完成？
* 專案用了很多特別且有效率的技巧？

很明顯的，首要任務是要可以讓專案準時完成，因此，專案如期完成是最重要的。等到專案完成後，若還有機會，才是針對專案各部分找尋較佳且更有效率的解決方案。也就是說，A 到 B 的方法可能有千百種，可以的話，至少要先有一個方法可以從 A 到 B，完成後，剩下的時間再去找另外一個更快到達 B 的方法（如圖 1-1）。

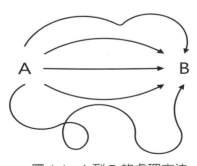

圖 1-1　A 到 B 的處理方法

我們來看一個例子：在我大學一年級的時候，老師在「程式設計」的期中考出了一題多項式相乘的題目，如下所示：

有兩個多項式分別表示如下：

$$f(x) = a_4x^4 + a_3x^3 + a_2x^2 + a_1x + a_0$$
$$g(x) = b_4x^4 + b_3x^3 + b_2x^2 + b_1x + b_0$$

如果另一個多項式

$$h(x) = f(x) * g(x) = c_8x^8 + c_7x^7 + c_6x^6 + c_5x^5 + c_4x^4 + c_3x^3 + c_2x^2 + c_1x + c_0$$

請設計一支程式，當使用者輸入 a_4, a_3, a_2, a_1, a_0, b_4, b_3, b_2, b_1, b_0 後，程式會自動算出 $h(x)$ 的相關係數 c_8, c_7, c_6, c_5, c_4, c_3, c_2, c_1, c_0。

看到這個題目，在有限的考試時間內要寫出程式，並且答案要對，請問你會怎麼做呢？我記得那次的考試，老師給了兩位同學 100 分的肯定，兩位同學的解題方法，分述如下：

寫法一

利用正規的 C 語言寫法，也就是採用兩個巢狀式迴圈來進行計算。程式大致如下：

```
for (i=0; i<=4; i++)
    for (j=0; j<=4; j++)
        c[i+j] = c[i+j] + a[i]*b[j];
```

寫法二

採用土法煉鋼的方式，也就是按照數學多項式相乘的計算方式來計算。程式裡計算的 $h(x)$ 係數就按照以下的算式：

$$c_0 = a_0 * b_0$$
$$c_1 = a_1 * b_0 + a_0 * b_1$$
$$c_2 = a_2 * b_0 + a_1 * b_1 + a_0 * b_2$$
$$\vdots$$
$$c_7 = a_4 * b_3 + a_3 * b_4$$
$$c_8 = a_4 * b_4$$

因此，程式大致如下：

```
c[0] = a[0]*b[0];
c[1] = a[1]*b[0] + a[0]*b[1];
c[2] = a[2]*b[0] + a[1]*b[1] + a[0]*b[2];
  :
c[7] = a[4]*b[3] + a[3]*b[4];
c[8] = a[4]*b[4];
```

我記得當初老師說，題目沒有限定解題的方法，只要求算出 h(x) 的係數。太多同學都執著在處理的效率，一直想要寫出最漂亮的程式來，結果到頭來什麼也沒做出來。因此，不管是寫法一或寫法二都對，只要可以得到答案就是標準答案，就有達到題目要求的了。考完後，我也問了撰寫方法二的同學，他告訴我說「先求有、再求好」，先將老師要的結果做出來，至於方法漂不漂亮，等有多餘的時間再慢慢想。

從這個例子就能得知，「處理效率」和「解題方法」是兩個不同的概念。在日常生活中，遇到問題時，大部分的人都是要找到問題的「解題方法」，沒有解題方法也代表問題沒有解決，講再多希望效率有多好的想法都是沒有用的，只要問題沒有解決，一切就都是「零」。

☆ 運算思維的結構訓練

學會並習慣思考後，接下來我們將針對整個思考流程進行結構化的訓練，讓整個運算思維更加標準化。運算思維結構訓練總共包含四個步驟，如下說明：

❈ 訓練一：了解問題
❈ 訓練二：撰寫處理步驟
❈ 訓練三：歸納與整理
❈ 訓練四：繪製流程圖

本節將先針對前三個訓練進行介紹，至於訓練四，將留待第五堂課的「流程圖設計與繪製」再詳細說明。

訓練一 了解問題

首先，我們對問題的描述與了解，必須要是正確的才行。因為，正確解讀問題，才不會造成認知上的錯誤；如此一來，在與人討論或解決問題時，才可以在同樣的認知下完成後續的動作。接下來來看幾個問題。

題目 一

終極密碼：假設有一數字範圍為 1~99，電腦會先設定一個密碼（假設為 70）。遊戲開始時，會先跟你說明目前範圍為 1~99，這時你要猜一個數字。若你猜的數字為 50，則遊戲會跟你說目前範圍為 50~99；若你接著再猜一個數字為 80，則遊戲會跟你說目前範圍為 50~80。過程中，遊戲會一直告訴你可以猜的範圍，且範圍會一直縮小，而你每次也只能猜範圍裡的數字，直到猜中數字為止。

當你看到這個題目，請就你對題目的解讀，寫下這題目的重點。

我們再重新看一次題目敘述：

終極密碼：假設有一數字<u>範圍為 1~99</u>，<u>電腦會先設定一個密碼（假設為 70</u>）。遊戲開始時，會先跟你<u>說明目前範圍為 1~99</u>，這時你要<u>猜一個數字</u>。若你<u>猜的數字為 50</u>，則遊戲會跟你說<u>目前範圍為 50~99</u>；若你接著再<u>猜一個數字為 80</u>，則遊戲會跟你說<u>目前範圍為 50~80</u>。過程中，遊戲會一直告訴你可以猜的範圍，且<u>範圍會一直縮小</u>，而你每次也只能猜範圍裡的數字，<u>直到猜中數字為止</u>。

因此，這個題目經過整理後，重點分別為

1. 範圍為 1~99
2. 電腦會先設定一個密碼（假設為 70）
3. 說明目前範圍為 1~99
4. 猜的數字為 50，則遊戲會跟你說，目前範圍為 50~99
5. 猜一個數字為 80，則遊戲會跟你說，目前範圍為 50~80
6. 範圍會一直縮小
7. 直到猜中數字為止

題目 二

請找出 1~1000 裡為質數的數字並印出來。

當你看到這個題目，請就你對題目的解讀，寫下這題的重點。

我們再重新看一次題目敘述：

請找出 1~1000 裡為質數的數字並印出來。

因此，題目經過整理後，重點分別為：

1. 數字範圍 1~1000
2. 質數確認 / 質數定義
3. 印出結果

在這一題，之前遇到學生問說：「何謂質數？」從教育部網站上查到，國中數學基本學習內容裡有提到，「質數，大於 1 的正整數（自然數）中，只能被 1 與本身整除的數；我們也可以理解成：大於 1 的正整數中，只有兩個正因數（即 1 與本身）的數。」

有了定義後，學生接著又說，那我們可以針對 1~1000 的數字，每一個數字都去進行因式分解，看看它的正因數有哪些，就知道是否是質數了。

到目前為止，理論上都是對的，但實務上，我們要找質數，結果要先因式分解，那問題是如何因式分解呢？是不是還要再去了解因式分解的定義與做法呢？這樣就容易變成要解決一個小問題，結果製造出另外一個大問題來，進而把問題複雜化了。因此，這時我都會希望同學們可以回歸到最基本的定義，不要複雜化，也就是基本定義裡的這句話「只能被 1 與本身整除的數」就可以了。

題目 三

兩津想要好好幫自己存一筆錢以後買模型用。他想到一個方法,就是第一天存 1 元、第二天存 2 元、第三天存 3 元,每天都比前一天多存 1 元。請問兩津存了 100 天,總共存了多少錢?若兩津的目標要存第一桶金(100 萬元),需要存幾天才會達成目標呢?

當你看到這個題目,請就你對題目的解讀,寫下題目的重點:

我們再重新看一次題目敘述:

兩津想要好好幫自己存一筆錢以後買模型用。他想到一個方法,就是<u>第一天存 1 元</u>、第二天存 2 元、第三天存 3 元,<u>每天都比前一天多存 1 元</u>。請問<u>兩津存了 100 天</u>,總共存了多少錢?若兩津的<u>目標要存第一桶金(100 萬元)</u>,那<u>需要存幾天</u>才會達成目標呢?

因此,題目經過整理後,重點分別為:

1. 第一天存 1 元
2. 每天都比前一天多存 1 元
3. 存了 100 天
4. 共存了多少錢
5. 目標要存第一桶金(100 萬元)
6. 需要存幾天

平時多練習看題目、解析題目,慢慢地會愈來愈熟練如何找重點,就更清楚題目要問的、要說的是哪些了。

訓練二 撰寫處理步驟

對於問題本身已經有基本的認知與了解後,接下來就可以開始進行解決問題的過程撰寫了。意思就是,大家都會說題目我懂了、我知道怎麼做了、且有些人也很會口述,但此時我都會希望把你懂的、你會的、你說的,把它都寫下來。因為,只有透過撰寫的動作,才可以真的讓你把腦袋想的具體化寫下來,也能在寫的當下再次思考事件的描述是否正確。因此,動筆寫步驟比用電腦輸入來得重要許多。

接著，我們選擇「訓練一」的幾道題目來做為撰寫處理步驟的案例。首先，我們先來看第一道題目：終極密碼。該題目經過整理後，重點如下所述：

1. 範圍為 1~99
2. 電腦會先設定一個密碼（假設為 70）
3. 說明目前範圍為 1~99
4. 猜的數字為 50，則遊戲會跟你說，目前範圍為 50~99
5. 猜一個數字為 80，則遊戲會跟你說，目前範圍為 50~80
6. 範圍會一直縮小
7. 直到猜中數字為止

因此，處理此題目的步驟為：

1. 由電腦隨機設定一個密碼（假設為 70）
2. 電腦會先顯示目前的範圍為 1~99，並請你猜一數字
3. 假設你猜的數字為 50，因為不等於密碼（70），則遊戲回報範圍為 50~99
4. 以此類推

若你寫出的步驟是這四步的話，你會說：「沒錯啊！」，大家也都看得懂。但問題是，這樣的寫法，有辦法看出什麼規則可依循的嗎？應該是不容易看出來的。可以的話，在撰寫處理步驟的階段，我都會希望多寫幾步、寫愈多愈好，就算大部分的文字是重複的也沒關係。因為，重複寫多了就容易找出規則來。因此，我們將上面的四步驟改寫成如下：

1. 由電腦隨機設定一個密碼（假設為 70）
2. 電腦會先顯示目前的範圍為 1~99，並請你猜一數字
3. 假設你猜的數字為 50，因為不等於密碼（70），則遊戲回報範圍為 50~99
4. 假設你猜的數字為 80，因為不等於密碼（70），則遊戲回報範圍為 50~80
5. 假設你猜的數字為 75，因為不等於密碼（70），則遊戲回報範圍為 50~75
6. 假設你猜的數字為 60，因為不等於密碼（70），則遊戲回報範圍為 60~75
7. 假設你猜的數字為 72，因為不等於密碼（70），則遊戲回報範圍為 60~72
8. 假設你猜的數字為 65，因為不等於密碼（70），則遊戲回報範圍為 65~72
9. 假設你猜的數字為 68，因為不等於密碼（70），則遊戲回報範圍為 68~72
10. 假設你猜的數字為 70，因為等於密碼（70），則遊戲結束

有了這 10 個步驟，就容易讓我們看出一些端倪，也就方便之後的歸納與整理。

再來看第二道題目：「請找出 1~1000 裡爲質數的數字並印出來」。在這一題由「訓練一」整理出來的重點爲：

1. 數字範圍 1~1000
2. 質數確認／質數定義
3. 印出結果

重點改寫爲

1. 數字範圍 1~1000
2. 找出只能被 1 與本身整除的數
3. 印出結果

在步驟 2 裡，如何呈現所謂的「找出只能被 1 與本身整除的數」呢？很簡單，只要將 1 到變數本身的所有數字，都和該變數除一遍，就知道有多少數字可以整除該變數。如此一來，只要確定能整除該變數的個數只有兩個，就可以確定該變數爲質數。

因此，處理步驟爲：

1. 設定要確認的變數爲 1，並將此變數設定爲被除數
2. 將除數設爲 1 到變數本身之任一個數，並記錄可以整除被除數 1 的個數有幾個
3. 若可以整除被除數的個數有 2 個，則此被除數 1 爲質數並印出
4. 設定要確認的變數爲 2，並將此變數設定爲被除數
5. 將除數設爲 1 到變數本身之任一個數，並記錄可以整除被除數 2 的個數有幾個
6. 若可以整除被除數的個數有 2 個，則此被除數 2 爲質數並印出
7. 設定要確認的變數爲 3，並將此變數設定爲被除數
8. 將除數設爲 1 到變數本身之任一個數，並記錄可以整除被除數 3 的個數有幾個
9. 若可以整除被除數的個數有 2 個，則此被除數 3 爲質數並印出
10. 設定要確認的變數爲 4，並將此變數設定爲被除數
11. 將除數設爲 1 到變數本身之任一個數，並記錄可以整除被除數 4 的個數有幾個
12. 若可以整除被除數的個數有 2 個，則此被除數 4 爲質數並印出
13. 以此類推，操作到被除數爲 1000 爲止

有了這 13 個步驟，你有看出其中所隱藏的規則了嗎？

最後，再來看第三道題目：「兩津想要好好幫自己存一筆錢以後買模型用。他想到一個方法，就是第一天存 1 元、第二天存 2 元、第三天存 3 元，每天都比前一天多存 1 元。請問兩津存了 100 天，總共存了多少錢？若兩津的目標要存第一桶金（100 萬元），那需要存幾天才會達成目標呢？」。

在這一題由「訓練一」整理出來的重點為：

1. 第一天存 1 元
2. 每天都比前一天多存 1 元
3. 存了 100 天
4. 共存了多少錢
5. 目標要存第一桶金（100 萬元）
6. 需要存幾天

因此，詳細的處理步驟為：

1. 假設前 n 天總共存了 S 元，剛開始 S = 0
2. 第 1 天存 1 元，則 n = 1，代表前 1 天存了 S = 1 元
3. 第 2 天存 2 元，則 n = 2，代表前 2 天存了前 1 天的總和，再加上第 2 天存的 2 元。因此，前 2 天的總和為 1（= S）+ 2 = 3 元，並放入 S 裡
4. 第 3 天存 3 元，則 n = 3，代表前 3 天存了前 2 天的總和，再加上第 3 天存的 3 元。因此，前 3 天的總和為 3（= S）+ 3 = 6 元，並放入 S 裡
5. 第 4 天存 4 元，則 n = 4，代表前 4 天存了前 3 天的總和，再加上第 4 天存的 4 元。因此，前 4 天的總和為 6（= S）+ 4 = 10 元，並放入 S 裡
6. 第 5 天存 5 元，則 n=5，代表前 5 天存了前 4 天的總和再加上第 5 天存的 5 元。因此，前 5 天的總和為 10（=S）+5=15 元，並放入在 S 裡
7. 以此類推，繼續做第 6 天、第 7 天、……、第 99 天
8. 第 100 天存 100 元，則 n = 100，代表前 100 天存了前 99 天的總和，再加上第 100 天存的 100 元。因此，前 100 天的總和為 4950（= S）+ 100 = 5050 元，並放入 S 裡
9. 印出 S（此時就代表前 100 天存錢的總和）
10. 繼續存第 101 天，並算出前 101 天的總和 S
11. 如果 S 大於 100 萬，則印出 n = 101 並結束
12. 繼續存第 102 天，並算出前 102 天的總和 S
13. 如果 S 大於 100 萬，則印出 n = 102 並結束
14. 繼續存第 103 天，並算出前 103 天的總和 S
15. 如果 S 大於 100 萬，則印出 n = 103 並結束
16. 以此類推，繼續做第 104 天、第 105 天、……，直到找到 S 大於 100 萬為止

訓練三 歸納與整理

有了訓練二的步驟後，大家可以嘗試觀察看看，步驟與步驟間是否有規則可循，透過步驟間兩兩比較，是否有看到都是哪些變數在變化，且變化的方式與現在是第幾個步驟是否有關連。以這樣的方式去整理，大部分都可以看出個端倪來。

接著，我們回到「訓練二」的幾道題目來做為歸納與整理步驟的案例。首先，我們先來看第一道題目：終極密碼。該題目的處理步驟為：

1. 由電腦隨機設定一個密碼（假設為 70）
2. 電腦會先顯示目前的範圍為 1~99，並請你猜一數字
3. 假設你猜的數字為 50，因為不等於密碼（70），則遊戲回報範圍為 50~99
4. 假設你猜的數字為 80，因為不等於密碼（70），則遊戲回報範圍為 50~80
5. 假設你猜的數字為 75，因為不等於密碼（70），則遊戲回報範圍為 50~75
6. 假設你猜的數字為 60，因為不等於密碼（70），則遊戲回報範圍為 60~75
7. 假設你猜的數字為 72，因為不等於密碼（70），則遊戲回報範圍為 60~72
8. 假設你猜的數字為 65，因為不等於密碼（70），則遊戲回報範圍為 65~72
9. 假設你猜的數字為 68，因為不等於密碼（70），則遊戲回報範圍為 68~72
10. 假設你猜的數字為 70，因為等於密碼（70），則遊戲結束

大家可以看一下步驟 3 至步驟 10，這 8 個步驟有什麼特別的地方嗎？應該可以看出：

1. 若有猜到密碼，遊戲就結束
2. 若沒猜到密碼，遊戲就要回報更新後的範圍

接下來，該如何回報更新後的範圍呢？

再次來觀察上面的 10 個步驟，一開始的範圍左邊邊界是 1、右邊邊界是 99。當第一次猜數字為 50 時，因為比密碼 70 來得小，所以左邊的邊界變成 50、右邊邊界不變（99）；當第二次猜數字為 80 時，因為比密碼 70 來得大，所以左邊邊界不變（50）、右邊邊界變為 80。因此，只要猜的數字不等於密碼，則：

1. 如果猜的數字「小於」密碼，則「左邊邊界」變為猜的數字
2. 如果猜的數字「大於」密碼，則「右邊邊界」變為猜的數字

我們也可以透過圖 1-2 來觀察左右邊界變化的過程，每一次猜數字的步驟都只有一個邊界往內縮（左邊邊界或右邊邊界）。

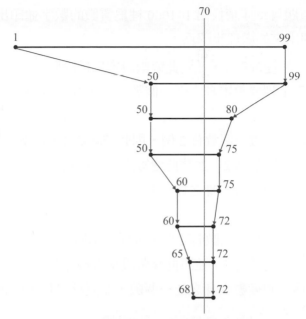

圖 1-2　猜密碼的左右邊界變化過程

　　有時候，畫圖可以讓人更清楚知道處理步驟變化的過程，也就更容易釐清出解決整個問題的邏輯所在。

因此，判斷的步驟可以歸納如下：

---

1. 若有猜到密碼，遊戲就結束
2. 如果沒有猜到密碼，則
　　2.1　如果猜的數字「小於」密碼，則「左邊邊界」變為猜的數字
　　2.2　如果猜的數字「大於」密碼，則「右邊邊界」變為猜的數字

最後，假設密碼為 pwd、左邊界為 L、右邊界為 R、玩家猜的數字為 A，那歸納出來的規則為：

---

1. 設定 L=1，R=99
2. 隨機產生 pwd（介於 2-98 之間）
3. 電腦印出可猜數字的範圍 L~R
4. 玩家猜一個數字 A
5. 如果 A 等於 pwd，則遊戲結束
　　否則
　　5.1　如果 A 大於 pwd，則 R 等於 A
　　5.2　如果 A 小於 pwd，則 L 等於 A
6. 回到步驟 3

再來看第二道題目：「請找出 1~1000 裡為質數的數字並印出來」。在這一題由「訓練二」整理出來的處理步驟為：

1. 設定要確認的變數為 1，並將此變數設定為被除數
   將除數設為 1 到變數本身之任一個數，並記錄可以整除被除數 1 的個數有幾個
   若可以整除被除數的個數有 2 個，則此被除數 1 為質數並印出

2. 設定要確認的變數為 2，並將此變數設定為被除數
   將除數設為 1 到變數本身之任一個數，並記錄可以整除被除數 2 的個數有幾個
   若可以整除被除數的個數有 2 個，則此被除數 2 為質數並印出

3. 設定要確認的變數為 3，並將此變數設定為被除數
   將除數設為 1 到變數本身之任一個數，並記錄可以整除被除數 3 的個數有幾個
   若可以整除被除數的個數有 2 個，則此被除數 3 為質數並印出

4. 設定要確認的變數為 4，並將此變數設定為被除數
   將除數設為 1 到變數本身之任一個數，並記錄可以整除被除數 4 的個數有幾個
   若可以整除被除數的個數有 2 個，則此被除數 4 為質數並印出

5. 以此類推，操作到被除數為 1000 為止

　　由上面這些步驟，我們可以看到步驟編號跟被除數是一樣的。因此，知道步驟編號與被除數的關係後，就可以將這些步驟歸納並改寫為：

> 第 i 步驟：
>
> a. 設定要確認的變數為 i，並將此變數設定為被除數
>
> b. 將除數設為 1 到變數本身之任一個數，並記錄可以整除被除數 i 的個數有幾個
>
> c. 若可以整除被除數的個數有 2 個，則此被除數 i 為質數並印出

　　最後，我們知道第 i 步驟其實也是被除數為 i，因為題目要找出 1~1000 裡的質數，所以歸納整理完的步驟則為：

> i 從 1 到 1000，執行
>
> 　第 i 步驟：
>
> 　　a. 設定要確認的變數為 i，並將此變數設定為被除數
>
> 　　b. 將除數設為 1 到變數本身之任一個數，並記錄可以整除被除數 i 的個數有幾個
>
> 　　c. 若可以整除被除數的個數有 2 個，則此被除數 i 為質數並印出
>
> 其中，「b. 將除數設為 1 到變數本身之任一個數，並記錄可以整除被除數 i 的個數有幾個」這句話需要再進行拆解
>
> 　j 從 1 到 i，執行
>
> 　　b1. 若 i 除以 j 整除，則變數 count 加 1

最後，再來看第三題，透過訓練二的詳細處理步驟為：

1. 假設前 n 天總共存了 S，剛開始 S = 0

2. 第 1 天存 1 元，則 n = 1，代表前 1 天存了 S = 1 元

3. 第 2 天存 2 元，則 n = 2，代表前 2 天存了前 1 天的總和，再加上第 2 天存的 2 元。因此，前 2 天的總和為 1（= S）+ 2 = 3 元，並放入 S 裡

4. 第 3 天存 3 元，則 n = 3，代表前 3 天存了前 2 天的總和，再加上第 3 天存的 3 元。因此，前 3 天的總和為 3（= S）+ 3 = 6 元，並放入 S 裡

5. 第 4 天存 4 元，則 n = 4，代表前 4 天存了前 3 天的總和，再加上第 4 天存的 4 元。因此，前 4 天的總和為 6（= S）+ 4 = 10 元，並放入 S 裡

6. 第 5 天存 5 元，則 n = 5，代表前 5 天存了前 4 天的總和，再加上第 5 天存的 5 元。因此，前 5 天的總和為 10（= S）+ 5 = 15 元，並放入在 S 裡

7. 以此類推，繼續做第 6 天、第 7 天、……、第 99 天

8. 第 100 天存 100 元，則 n = 100，代表前 100 天存了前 99 天的總和，再加上第 100 天存的 100 元。因此，前 100 天的總和為 4950（= S）+ 100 = 5050 元，並放入 S 裡

9. 印出 S（此時就代表前 100 天存錢的總和）

10. 繼續存第 101 天，並算出前 101 天的總和 S

11. 如果 S 大於 100 萬，則印出 n = 101 並結束

12. 繼續存第 102 天，並算出前 102 天的總和 S

13. 如果 S 大於 100 萬，則印出 n = 102 並結束

14. 繼續存第 103 天，並算出前 103 天的總和 S

15. 如果 S 大於 100 萬，則印出 n = 103 並結束

16. 以此類推，繼續做第 104 天、第 105 天、……，直到找到 S 大於 100 萬為止

由上面的步驟，我們可以看到一個特性為：

第 i 天：

存 i 元，則 n = i，代表前 i 天存了前 i - 1 天的總和，再加上第 i 天存的 i 元。

因此，前 i 天的總和為前 i - 1 天的總和 S + 第 i 天的 i 元，並再放入 S 裡

如果 S 大於 100 萬，則印出 n 並結束

知道了這個特性後，我們就可以把這些步驟歸納、簡化並改寫為：

設定 S 為一剛開始第 0 天的總和為 0、i 為 1

如果 S 小於等於 100 萬，執行

第 i 天：

　　a. 設定 n 為 i

　　b. 將前 i-1 天的總和 S 與第 i 天的 i 元相加後，再放入 S 裡

　　c. 將變數 i 再加 1

否則印出變數 n

來到這兒，代表各位已經完成了運算思維結構訓練的前三項訓練，很棒哦！接下來，我們將在第五堂課帶各位學習如何將歸納與整理後的步驟，透過圖形化的方式畫出來，因為圖形化的方式會比文字敘述的方式更讓人容易接受與了解。

課後練習

1. Google 很重視運算思維，不遺餘力地推動運算思維（CT）教育，請問 Google 提出的四個 CT 核心能力為何？

2. 請問運算思維強調的是「處理效率」，還是「解題方法」？

3. 運算思維結構訓練的四個步驟為何？

桌遊介紹與體驗

Lv1

桌上遊戲（Tabletop Game）簡稱桌遊，也被稱為不插電遊戲，是大家從小皆會接觸過，且是在桌上玩的遊戲。不插電遊戲的意思是為了要區分需要靠電力使用的電子產品遊戲。廣義來說，大家熟悉的象棋、撲克牌、麻將等，也都是桌上遊戲的一種。在桌遊的遊戲過程中，可以訓練參與者的思考方式、語言表達、人際互動及情緒商數（情商，英文名稱為 Emotional Quotient，簡稱 EQ）的能力。在這一堂課裡先帶各位認識桌遊，接著再帶各位體驗一款幾乎每個人都曾接觸過的大富翁桌遊。

⭐ 桌遊介紹

　　在這裡將介紹桌遊的歷史演進、桌遊的類型及玩桌遊的益處等，如下說明之：

▌桌遊歷史演進

　　桌上遊戲的歷史悠久，距今 5000 多年前，在古埃及王朝遺址中就有發現相關的棋類遊戲。之後也在兩河流域時代、古印度及希臘羅馬帝國時代，都有發現桌遊的歷史紀錄。因此，在此將桌遊的歷史做一簡要的說明。

＊ 西元前 3500 年左右：「賽尼特棋」（Senet）是目前考證最古老的桌上遊戲，於古埃及的陵墓發現到的。

圖 2-1　賽尼特棋（圖片來源：布魯克林博物館，CC BY-SA）

❋ 西元前 2000 年左右：「雙陸棋」（Backgammon）是起源於古埃及的「賽尼特棋」，十一世紀時傳到法國，很快成爲受歡迎的遊戲。

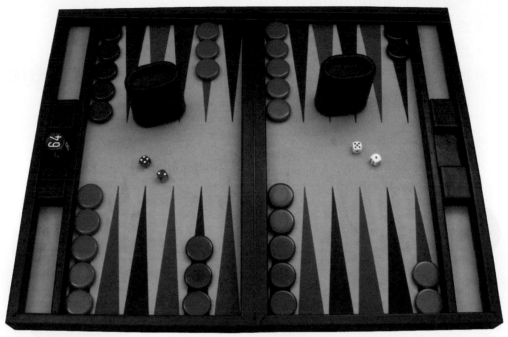

圖 2-2　雙陸棋

❋ 西元前 1600 年左右，「六博」（Liubo）棋盤遊戲在《說文》的文獻裡被提及，在商周時期是君王貴族常玩的遊戲。

圖 2-3　六博（圖片來源：I, Sailko，CC BY-SA）

* 西元前五、六世紀，印度出現古印度象棋或稱「恰圖蘭卡」（caturaṅga）的棋盤遊戲，此遊戲對後代的象棋遊戲（包括中國象棋）有極大的影響，可說是所有象棋遊戲的祖先。
* 西元前 400 年左右，「圍棋」已經記載在中國的《左傳》裡。
* 西元 200 年左右，波斯雙陸棋傳進了中國。
* 西元 500 年左右，播棋（Mancala）是一種兩人對弈的棋類遊戲，流行於非洲國家及亞洲中東地區。

圖 2-4　播棋（圖片來源：Zubro，CC BY-SA）

* 十四世紀後期，「塔羅牌」引進歐洲；到了十五世紀中期已於歐洲各地廣為流傳，到現在已經是眾所皆知的紙牌遊戲。

圖 2-5　塔羅牌

❋ 十五世紀後期，「西洋棋」逐漸成熟且被人喜愛，從歷史研究得知，它是源自「恰圖蘭卡」遊戲。

❋ 十六世紀，印度遊戲「蛇梯棋」（Snakes and Ladders）是一套用來教導品德與靈性的桌上遊戲。

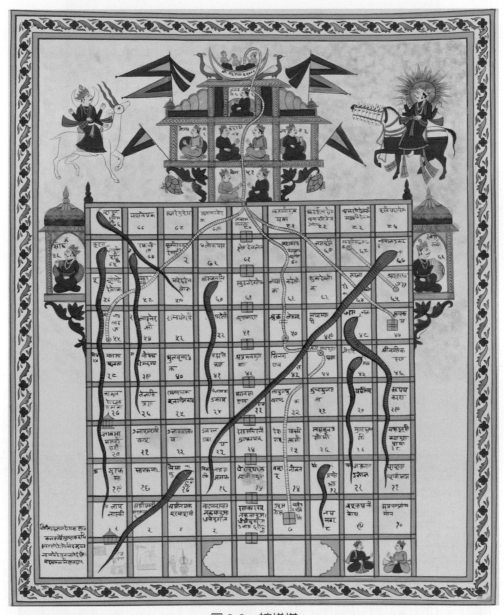

圖 2-6　蛇梯棋

❋ 十八、十九世紀，桌上遊戲開始興盛，但因當時印刷成本過高，並非一般中產階級所能負擔，以致無法普及。但到了 1860 年，平版印刷技術提升與進步，印刷成本大為降低後，桌上遊戲便開始普及與興盛起來。

✹ 西元 1843 年左右，George Fox 所設計的圖板遊戲「幸福大廈」（The Mansion of Happiness）正式發行，遊戲過程極具教化意義，讓參與者可以在遊戲中學習道德規範及待人處事的道理。

圖 2-7　幸福大廈

✹ 西元 1854 年左右，英國人發明「Hoppity」遊戲，但在西元 1884 年左右，美國人根據「Hoppity」遊戲靈感，創造出正方跳棋（Halma）遊戲，而 Halma 也因此成為中國跳棋（Chinese Checkers）的前身。

✹ 西元 1894 年左右，中國「麻將」（Mahjong）開始逐漸流行。

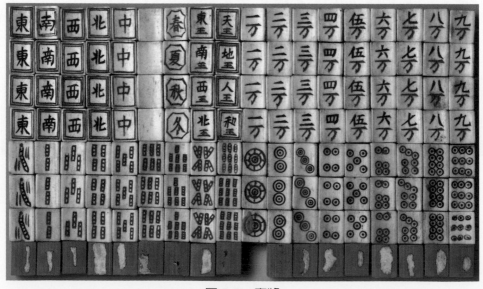

圖 2-8　麻將

✵ 西元 1904 年，Lizzie J. Magie 發明了「地主遊戲」（The Landlord's Game），還申請了專利 U.S. Patent 748,626。遊戲制定了兩種規則，分別是繁榮與壟斷。在繁榮規則中，當玩家購買新的資產時，參與的所有玩家都可以得分，當錢最少的玩家資金翻倍時，所有的人都可以獲勝；在壟斷規則中，玩家可以利用購買資產和收取租金的方式積累資金，只要能讓其他玩家破產，便可成為唯一的贏家。之後，Magie 還申請了不少改良版的專利。

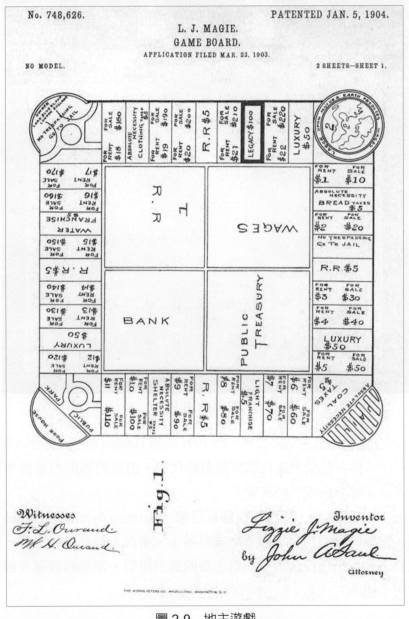

圖 2-9　地主遊戲

* 西元 1933 年，美國人查理斯達洛（Charles Darrow）發明設計「地產大亨」（Monopoly）遊戲，遊戲圖板上所繪的街道都是取自新澤西州的大西洋街道。之後，將遊戲授權給派克兄弟（Parker Brothers）公司，並於 1935 年正式發行。

* 西元 1940 年，以色列人 Ephraim Hertzano 設計了「拉密」（Rummikub），又稱為拉密數字牌、以色列麻將或魔力橋，是一種適合 2~4 人的桌上遊戲。

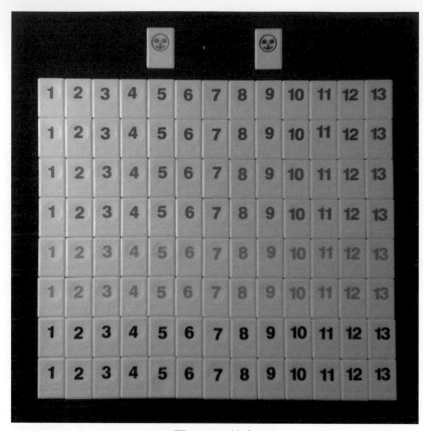

圖 2-10　拉密

* 西元 1957 年，派克兄弟公司（於 1991 年被 Hasbro 收購）推出「戰國風雲」（Risk）桌上遊戲，成為戰棋遊戲的代表。遊戲的規則相當簡單且容易上手，受到許多玩家們的喜愛。

* 西元 1980 年代後，德式風格圖板遊戲（German-style board game）開始興起，主要的遊戲對象是以家庭成員為主，重視人際互動與思考，相較於美式桌遊是以角色扮演與戰棋為主要的遊戲類型，強調的機運及競爭是有很大的不同。

　　近幾年來，台灣的原創桌遊蓬勃發展，桌遊主題包羅萬象。坊間的桌遊店也一家家的開設，店裡擺放著上百種的桌遊供消費者購買或現場體驗，也由於台灣創新教學的實力，很多桌遊都融合教學內容，讓學生可以在玩的過程也學習到學科的知識。

　　由以上的桌遊歷史可以得知，桌遊在任何時期都是很受喜愛的一種遊戲方式，也陸續都有很特別的桌遊被設計出來，值得大家嘗試去體驗與設計。

▎ 桌遊的類型

　　桌上遊戲一般依照遊戲道具和遊戲性質等來區分，是比較常見的分類方式；當然也有的是依照遊戲時間、遊戲型態、玩家人數或玩家年齡等來分類。無論是何種分類，皆無法達到盡善盡美。接下來，我們將簡單介紹遊戲道具及遊戲性質這兩種常見分類方式的類型，提供大家在做桌上遊戲分類或購買桌遊時參考之用。

　　遊戲道具分類：可將桌上遊戲分成紙筆遊戲、圖板遊戲、博奕遊戲、卡片遊戲及棋盤遊戲。

* 紙筆遊戲就是透過簡單的紙和筆兩項工具就可以進行的遊戲，代表遊戲如連連看、數獨、填字遊戲、大家來找碴等。
* 圖板遊戲則是以圖板搭配牌卡及其他配件所進行的遊戲，代表遊戲如大富翁、地產大亨、卡坦島等。
* 博奕遊戲的道具常以骰子、骨牌、麻將、撲克牌、各類紙牌為主，代表遊戲如骰寶、推筒子等。
* 卡片遊戲則是以遊戲牌卡來進行的遊戲，代表遊戲如 UNO、塔羅牌等。
* 棋盤遊戲是以棋盤與棋子兩種為主的配件，代表遊戲如圍棋、五子棋、西洋棋、象棋等。

　　遊戲性質分類：可將桌上遊戲分成親子遊戲、對戰遊戲及策略遊戲。

* 親子遊戲是以教育兒童為主要目標，旨在大人陪伴小孩一起互動學習，遊戲規則相對簡易，遊戲配件也會設計得比較美觀，才容易吸引小朋友的注意力。
* 對戰遊戲多以兩人為主來進行攻防對決，考驗玩家的智慧與膽識，代表遊戲如象棋、五子棋等。
* 策略遊戲的規則較複雜，會運用戰術，並可訓練玩家的決策能力、優劣取捨及危機應變能力，代表遊戲如狼人殺、現金流、戰國風雲等。

現在坊間可以看到的各種桌上遊戲，愈來愈多樣性，很多都無法正確分類，或是說已經橫跨好多種類別。但在選擇桌上遊戲時，還是要根據參與者的需求來做挑選，就像我到現在還是很喜歡大富翁這個傳統的桌上遊戲呢！

桌遊的益處

在此，我們先分享並節錄《親子天下》雜誌在 2015 年 7 月刊出一篇名為「教孩子堅持不放棄！玩桌遊 5 大益處」裡的幾段話說明如下：

桌遊不僅只是打發時間的休閒，還可以幫助孩子抒發不愉快情緒、降低攻擊性與排解怨念。聯合國教科文組織（UNESCO）早自三十年前就開始推動兒童玩的權利，提倡桌遊促進社交、情緒發展的好處。UNESCO 在「二十一世紀教育」報告中，提出教育的四大核心目標：

* 學會共處（Learning to live together）
* 學會認知（Learning to know）
* 學會做事（Learning to do）
* 學會做人（Learning to be）

「學會共處」及「學會做人」都與情緒教育有關。孩子能和其他人順利玩遊戲所需的社交和情緒技能，跟他未來在職場與人合作愉快，所需的技巧本質其實是一樣的。桌遊不僅能滿足小孩（和大人）的好勝心，也可以成為喜歡精益求精、追求完美的小孩的「修行場」。桌遊是「主動出擊」的遊戲，需要玩家的身心參與，除了動手，更多的是「動腦做」，孩子會經常處於「絞盡腦汁」的狀態，遊戲會不斷挑戰他們發揮想像力和運用閱讀能力。

劉育中教授（2015）在《慧炬》雜誌刊登的文章——「淺談桌遊學習的療癒功能——找回世界的童心」中寫道：「桌遊是品格教育、人生態度的絕佳教化場合。」，也提到可以透過「玩」桌遊這個歷程本身，讓玩家產生新的體驗，再經由「反思」來轉化成有效的學習。

因此，當我們在桌遊的遊戲過程中，甚至是一次又一次的桌遊遊戲裡，可以在整個過程裡得到哪些益處呢？以下簡單說明幾項常見的好處。

* 提升專注力
* 增加安全感
* 控管自身情緒
* 訓練邏輯思考
* 嘗試決定並承擔後果
* 學習不放棄
* 促進人際互動

* 學習溝通與同理
* 學習團隊合作
* 學習觀察力
* 建立自信心
* 學習耐心
* 學習各類知識
…

以上整理眾人認為的桌遊益處，我相信不只這些，只要你親身體驗過後，就會有很多不一樣的感覺出現，也可以從中學習到很多。有了對桌遊的歷史、桌遊的類型及桌遊的益處等的認識與瞭解，將有助於桌遊的使用，並將各種桌遊類型融入到教育或日常生活中。另外，各位若想要快速了解各種桌上遊戲及體驗，可以到線上桌遊遊戲網 Board Game Arena（https://zh.boardgamearena.com/），就可以透過數位桌遊的遊戲進入到桌遊的世界。

⭐ 大富翁桌遊

有了對桌上遊戲的認識後，我們將針對大富翁這款桌遊進行實際的體驗，在這之前，先來讓大家認識這套大富翁桌遊。

大富翁介紹

有玩過大富翁桌遊嗎？如果你玩過大富翁，就應該知道，要成為贏家，就是要在有錢的情況下一直買地、瘋狂蓋房子等，只要擁有很多土地與樓房，當別人踩到你的地盤時，就會獲得不少的「過路費」。總之，只要先將對方的錢「搾乾」，你就是這遊戲的大贏家。

當初 Magie 設計這套遊戲時，應該是要一般老百姓清楚明白，大地主會有錢就是靠買地蓋房，然後收取高額的租金，這是一種只有少數人才有機會從中獲利的投機活動。不過，Magie 萬萬沒想到，當「大富翁」推出後，大部分的玩家都被這個遊戲給吸引。因為，現實生活無法這麼隨性的買地、蓋屋並收取租金，那就在這個桌遊的虛擬環境裡，享受從別人手上收取金錢的快感。到目前為止，大富翁遊戲已遍佈全球 80 個國家，更有 26 種語言版本，還發行了各種變形的主題與玩法，甚至數位化的版本還一直推陳出新！不管是什麼主題的「大富翁」，它可算是一種能培養理財概念與智力的遊戲，在遊戲的過程中可以去感受保守與積極處事的差異，更能透過機會與命運的隨機狀態，來體驗風險是無所不在的。台灣發行的大富翁就屬這款創立於 1962 年的版本是我所知最久遠的版本，簡單有趣的規則會讓你玩到愛不釋手。

圖 2-11　大富翁

桌遊體驗

在體驗前，我們先來看看這一版 1962 年的大富翁盒子裡到底放了哪些道具及使用說明。

❋ 道具

盒內會先看到一張大富翁遊戲地圖，圖上總共有 40 個區塊，分別寫著起點、坐牢、進牢、免費停車場、四個車站（臺北、臺中、臺南、高雄）、3 個機會、3 個命運、電力公司、自來水廠、所得稅、財產稅及 22 個道路名稱（如：建國南路、忠孝路、延平路一段、中正路等），區塊上也都標有相對應的金額數字。

圖 2-12　大富翁地圖

另外，相關的紙牌，內容分別有機會、命運、紙鈔（面額有 10 元、100 元、200 元、500 元、1000 元、2000 元和 5000 元）及各道路名稱的抵押說明。其他還有四個玩家的道具公仔、兩顆骰子及綠色與紅色的房子。

圖 2-13　大富翁桌遊內容物（一）

圖 2-14　大富翁桌遊內容物（二）

　　最後，盒內還附上了一張使用說明書，說明這一套大富翁的基本玩法與進階玩法。

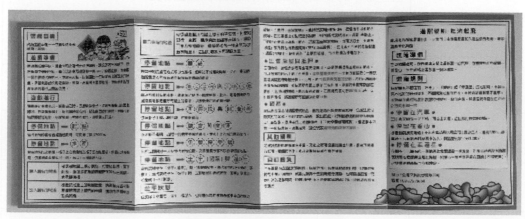

圖 2-15　大富翁桌遊說明書

❋ 遊戲說明

在這份說明書上寫著，大富翁的遊戲目標就是要成爲遊戲中唯一一位擁有財產者，即爲**大富翁**。我們將遊戲分成三個狀態，分別爲遊戲準備、遊戲進行與遊戲結束，以下分別說明之。

1. 遊戲準備

   先將大富翁遊戲地圖平放在平面上，並將機會卡和命運卡分別洗牌後，讓文字內容面朝下，放在地圖中央的空位上。接著，每位玩家預先分得總面額 15,000 元的遊戲紙鈔後，拿取一個公仔代表自己，並放在起點的位置。討論選出一位玩家兼任管理員，保管剩餘的公用遊戲紙鈔、房屋、產權所有證等物品，並協助其他玩家處理與銀行間的交易。

2. 遊戲進行

   猜拳決定彼此的先後順序，輪到自己時，丟擲兩顆骰子，並根據擲出的點數總和，在遊戲地圖上依照順時鐘方向移動自己的公仔。接著，根據自己的公仔所停留的地點，玩家須執行對應的動作。表 2-1 針對所停留地點的操作與過程中可能遇到的執行狀態進行說明。

表 2-1　大富翁停留地點動作說明

停留地點	說明
起點	當公仔停留或經過時，可向銀行領取 2,000 元。
地產	寫有道路名稱與地價的格子充爲地產格。公仔停留在地產格時，依據地產產權狀況不同，有以下三種處理方式： 無人擁有的地產：可依照標示的價格付費給銀行，買下此地產，並領取該地產的產權所有證放在面前。 別人擁有的地產：檢查該地產上的房屋數量，擁有者可依產權所有證上標示的金額，強制向停留者收取過路費。 自己擁有的地產：依照產權所有證上標示的建築費，付費給銀行並拿取一棟綠色房屋建設於該地。建設到第五棟房屋時，直接替換一棟紅色旅館（等於五棟房屋），也代表此地無法再建設房屋。
車站	停留在車站的處理方式類似地產格，但車站不能建設房屋。此外，車站的過路費是依照擁有者同時擁有幾個車站而定。
電力公司 自來水廠	處理方式類似車站，同樣的，這兩個地點不能建設房屋。此外，過路費金額的計算方式是根據擲骰子的點數決定。
所得稅 財產稅	依照格子上標示的金額，支付相關費用給銀行。
機會 命運	依照格子的名稱，抽取一張機會卡或命運卡，再依照卡片上的指示進行動作。

免費停車場	你可以立即指定一位玩家，與他進行公仔位置互換，互換後雙方不執行停留地點的動作。
坐牢（路過）	當玩家停留在此格子，不會有事情發生，只要將公仔放置在（路過）的字樣上即可。
進牢	當玩家公仔停留在此格子上，則立即移動公仔到坐牢的格子上，並變成坐牢狀態。

表 2-2　大富翁執行狀態說明

執行狀態	說明
坐牢	玩家除了停到進牢的格子外，也可能因為抽到機會卡或命運卡中的拘票或被捕，而變成坐牢狀態。此時，玩家輪到自己並丟擲骰子，如果點數和大於或等於 8 點時，即可將公仔移到（路過）的字樣上，下回合就可以正常進行遊戲。 此外，玩家也可以透過所擁有的「出獄許可證」離開，或是向其他持有者購買（雙方自由議價）「出獄許可證」離開，使用後即可將公仔移到（路過）的字樣上，使用過的「出獄許可證」放回對應的卡堆底下。
出售房屋	當玩家欠缺現金支付費用或想購買新的地產，可以選擇將自己土地上的房屋，按照建築價格的一半售回給銀行（一棟旅館可換回五棟房屋分售）。
抵押	無房屋的地產可以依照產權所有證上標示的抵押價抵押給銀行，並向銀行拿取等額的抵押金後，再將產權所有證翻面。抵押中的地產不能收取過路費，但當擁有者輪到自己時，可以支付抵押金給銀行，再將產權所有證翻回正常狀態。
破產	當玩家無法籌出可以支付的過路費或稅金時，則必須宣告破產並退出遊戲。此時，破產玩家須將所有可以變現的地產變現後，將剩餘的紙鈔交付給應付對象，抵押的地產還給銀行（下次停留者可購買）。

3. 遊戲結束

當最後玩家只剩一位時，就是遊戲結束的時候。有時實際玩下來時間會較長，玩家間可以協議遊戲結束的目標。例如：最先持有 10 萬元的玩家，或是最先購得 15 個地產者獲勝。也可以直接訂定遊戲的時間，只要時間一到，所有人將房屋或地產出售，比較現鈔最多者，即為贏得遊戲的大富翁。

以上就是該大富翁遊戲的基本規則，若遇到彼此解讀有爭議的，只要所有人討論出共識，依照共識進行即可。感覺是不是很容易，一點都不困難！那我們就來體驗這套好玩的大富翁桌遊吧！

▌ 開始體驗

玩遊戲，GO！

在這一堂課裡，相信各位已經了解桌遊的歷史演進、桌遊的類型及玩桌遊的益處，也體驗了大富翁桌遊特別與迷人的地方。從下一堂課起，我們將帶領各位嘗試設計出一套自己的特色主題大富翁並 DIY 製作出來。期待嗎？GO！

─────── 課後練習 ───────

1. 簡單舉三樣你最喜歡的桌遊，並說明喜歡的理由。
2. 請說明玩桌遊的益處（至少五個益處）。

第 **03** 堂課

大富翁桌遊設計

大家在前一堂課已經認識了桌遊的歷史演進、桌遊的類型及玩桌遊的益處，也知道了當初 Magie 在設計大富翁時的用意，並了解了台灣 1962 年版傳統大富翁整個桌遊的配件與規則玩法。最後，也來了一場實際的大富翁桌遊體驗，是不是覺得這樣的東西非常好玩、有趣，且富有教育意義呢！

懂得玩之餘，是否各位也想為自己設計出一套有特色、有主題的大富翁遊戲呢？在這堂課裡，我們將帶領各位設計出自己的特色主題大富翁來。我們將這堂課程分成兩個部分，第一部分是大富翁設計，包含特色主題、配件、規則等的制定；第二部分則是進行大富翁 DIY 製作。以下將為各位做說明。

⭐ 大富翁設計

在這裡，我們將為自己設計一套好玩且有趣的大富翁，設計的步驟如下：

▌ 主題

大富翁的主題可以讓你自己去思考設計，例如：美食大富翁、景點大富翁、消防大富翁、古蹟大富翁或保險大富翁等，沒有一定要什麼主題，根據你收集到的資料去定義。

例如：108 學年度第一學期，筆者在程式設計課程裡帶領學生進行設計時，將所要做的大富翁主題設定為「台東美食」，因此就上網去尋找有關台東美食的介紹與說明來進行主題設定。也因為主題設定後，讓我認識了不少台東好吃的美食。因此，這個美食大富翁大致的方向，就是購買美食區塊的經營權，若走到別人的美食區塊，則要支付一定比例的金額來購買美食享用。

▌ 配件

在美食大富翁的主題設定後，就要來整理此美食大富翁所需的相關配件，例如：玩家公仔、機會卡、命運卡等，我們透過表格的方式整理如下表：

配件名稱	數量
玩家公仔	4 個
骰子	1-2 顆
機會卡	5 張
命運卡	5 張
紙鈔	N 張
經營權證	N 張
大富翁地圖	1 張

❋ 玩家公仔　玩家人數為 2-4 人，因此需要有四個對應的公仔以利辨識。

❋ 骰子　根據大富翁地圖的大小來決定需要一次最多走多少的點數，進而設計出所需要的骰子個數。

❋ 機會卡　為了簡化設計時間，設計 5 張機會卡，內容如下：

1. 路上撿到 100 元
2. 統一發票中六獎，獲得 200 元
3. 路邊停車，繳納停車費 100 元
4. 機車沒油，加油支付 200 元
5. 比賽獲得第一名，獎金 500 元

❋ 命運卡　為了簡化設計時間，設計 5 張大好或大壞的命運卡，內容如下：

1. 比賽獲得獎金 2000 元
2. 刮中刮刮卡，獲得 1000 元
3. 意外受傷，醫藥費支付 1000 元
4. 汽車沒油，加油支付 2000 元
5. 開發新產品，獲得權利金 5000 元

❋ 紙鈔　根據大富翁遊戲內容的金錢大小，設計出不同面額的紙鈔數種，例如：100 元、500 元、1000 元等，每一種面額的紙鈔數張。

❋ 經營權證　當玩家購買一家美食商店的經營權時，除了支付相關美食商店經營權費用給銀行外，要跟銀行索取該美食商店的經營權證一張，並擺放在桌前讓其他玩家可以清楚知道該美食商店經營權的擁有者。

❋ 大富翁地圖　整張地圖總共要有多少個區塊格子並沒有一定的要求。各位可以根據所收集到的主題內容數量、機會與命運的數量及四個角落等來繪製（如圖 3-1）。

玩家A：Angus　玩家B：Tom　玩家C：David　玩家D：John

休息一天 0000	呷飽食堂 3500	濟州冰舖 3500	機會 0000	好初乾麵 3500	番薯伯 3500	休息三天 0000
阜宏燒餅 4000	歡迎來到大富翁數位桌遊　遊戲即將開始					卑南包子 3000
阿達滷味 4000	機會：					叮哥茶飲 3000
命運 0000	命運：					命運 0000
老東台 4000	玩　家　A 20000	玩　家　B 20000	玩　家　C 20000	玩　家　D 20000		楊記地瓜 3000
刈一圓堡 4000	>>>請玩家A按ＥＮＴＥＲ鍵擲骰子<<<					湯蒸火鍋 3000
開始 0000 ABCD	藍蜻蜓 2000	阿鋐炸雞 2000	機會 0000	榕樹下 2000	林家 2000	休息一天 0000

圖 3-1　大富翁地圖

▌規則

　　雖然我們玩過其他的大富翁桌遊，但美食大富翁桌遊的設計狀況與一般的大富翁有所不同，因此，我們將根據相關配件的狀況設計出該款桌遊的遊戲規則，分述如下：

✱ 每次參與遊戲的人數為 2-4 人，各自選取一個特定的公仔。

✱ 遊戲開始前，每人分配 20,000 元的紙鈔當作個人的資金，以利接下來要支付相關的費用。

✱ 每次停留或經過起點，則可以向銀行領取 2,000 元現金。

✱ 大富翁地圖的四個角落分別為開始、休息一天、休息三天及休息一天等，當玩家停留在休息一天或休息三天的位置時，不可以向其他人收取購買美食的費用。

✱ 當玩家停留在機會或命運的位置時，則翻開機會或命運卡一張，並執行裡面的動作。結束後，將該張卡片放置在該牌卡堆的最下面。

✱ 當玩家停留在美食商店的位置時，則需要根據以下狀況執行相對應的動作，分述如下：

該美食商店的擁有者	執行動作
無人	確定該美食商店尚未有擁有者，則玩家可以決定是否要購買經營權。若要購買，則支付購買金額給銀行後，就可以擁有此美食商店的經營權；若不要購買，則不需要做任何事。
自己	若該美食商店原來就是自己先前已購買的，則不需要做任何動作。
他人	若該美食商店是屬於其他玩家所擁有的，則要支付該玩家經營權金額的 1/10 當作購買美食的費用，並支付 100 元的出差費給銀行。 若該美食商店是屬於其他玩家所擁有的，但他剛好停留在休息一天或休息三天的位置，則不用支付美食費用，但需支付 100 元的出差費給銀行。

✱ 當玩家要支付費用時，一律使用現金支付。若現金不足時，則宣告破產，並將所有的美食商店經營權無償給銀行，以利其他玩家購買。

✱ 勝負判斷方式：當其他玩家都破產且只剩一個玩家時，則該玩家即為大富翁。若遊戲時間過長又產生不出大富翁時，所有尚未破產的玩家可以一起約定最終結束的方式。

　　以上的大富翁主題、配件與規則，都是根據小組討論出來的結果。你也可以根據你們小組討論或你自己發想並設計出具有特色主題的大富翁來。自己的桌遊自己設計，會格外的有感覺與好玩哦！

⭐ 大富翁製作

完成了前面的主題、配件與規則的定義後，接著我們就要來實際製作出一套專屬於自己的大富翁桌遊了。此時，你要準備的材料有：

* 西卡紙三張　一張西卡紙要繪製大富翁地圖，另外兩張西卡紙則是用來製作機會卡、命運卡、經營權證、紙鈔、骰子、公仔等。
* 剪刀一把
* 色鉛筆一組
* 透明膠帶一捲
* 簽字筆、鉛筆、尺

透過以上的材料，利用約一個小時的時間將大富翁桌遊製作出來吧！完成的作品大致如圖 3-2 所示。

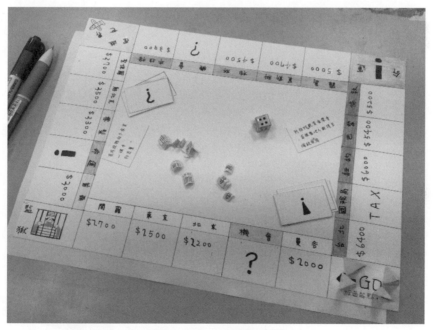

圖 3-2　DIY 大富翁桌遊

完成後，各位記得實際玩過一遍哦，這樣才會知道原本制定的規則是否完整，以及配件是否足夠。

最後，分工合作完成這套自己的大富翁桌遊，是不是特別有成就感呢！在接下來的課堂裡，我們將帶各位透過運算思維的分析訓練，讓各位知道整個大富翁桌遊的遊戲邏輯，並會讓你學會整個結構化的思考模式，最後進而將紙上桌遊轉換成數位桌遊。

―――――――――― **課後練習** ――――――――――

1. 大富翁在製作的過程中，需要考慮到哪些（想到就寫）？

第 **04** 堂課

操作步驟分析與
資料結構設計

Lv1

在第三堂課裡，大家已經完成了大富翁的主題設定、配件製作及遊戲規則的擬定。也透過實際的操作，了解自己設計的特色大富翁遊戲時是否適切並合理；若有不適合的規則，就可以在玩的過程中趕快修正完成。接下來，在這堂課裡，希望各位可以把你們的主題大富翁的遊戲步驟寫出來，到時會從你的步驟裡去歸納出一個統一的處理步驟。接著，將帶領各位分析整體所需的資料結構。別擔心，先一步一步的寫出你的大富翁步驟吧！

⭐ 操作步驟分析

```
請輸入玩家人數：4
請輸入玩家姓名：Angus
請輸入玩家姓名：Tom
請輸入玩家姓名：David
請輸入玩家姓名：John

玩家A：Angus    玩家B：Tom    玩家C：David    玩家D：John
```

休息一天	呷飽食堂	濟州冰舖	機會	好初乾麵	番薯伯	休息三天
0000	3500	3500	0000	3500	3500	0000

```
阜宏燒餅                                                              卑南包子
4000                                                                 3000
            歡迎來到大富翁數位桌遊   遊戲即將開始
阿達滷味                                                              叮哥茶飲
4000        機會：                                                    3000

命運                                                                  命運
0000        命運：                                                    0000

老東台      玩 家 A      玩 家 B      玩 家 C      玩 家 D          楊記地瓜
4000        20000        20000        20000        20000            3000

刈一圓堡                                                              湯蒸火鍋
4000              ＞＞＞請玩家A按ＥＮＴＥＲ鍵擲骰子＜＜＜            3000
```

開始	藍蜻蜓	阿鋐炸雞	機會	榕樹下	林家	休息一天
0000	2000	2000	0000	2000	2000	0000
ABCD						

圖 4-1　台東美食大富翁

根據圖 4-1 大富翁地圖所呈現的資訊，先將每個玩家的步驟整理如下：

▋步驟過程

　　首先，所有的玩家都先跟銀行領取 20,000 元當作遊戲的資金，並選取一個專屬的公仔代表玩家自己。接著，每個玩家將進行以下的步驟：

❋ 玩家 A

1. 印出大富翁地圖；
2. 擲骰子，得到點數；
3. 根據骰子的點數，將公仔移到定位；
4. 如果公仔移動時恰好停留或經過起點，則可以向銀行領取 2,000 元的現金；
5. 如果公仔停留在「休息一天」或「休息三天」的角落時，則代表所擁有的美食商家都跟著休息沒有營業；
6. 如果公仔停留在「機會」的位置時，則翻開「機會」卡一張，並執行裡面的動作。完成動作後，將該張卡片放置在「機會」卡的最下面；
7. 如果公仔停留在「命運」的位置時，則翻開「命運」卡一張，並執行裡面的動作。完成動作後，將該張卡片放置在「命運」卡的最下面；
8. 如果公仔停留在其他位置時，則
   (1) 如果此美食商店的擁有者是自己，則不需做任何事；
   (2) 如果此美食商店的擁有者是別人，則
      如果該擁有者剛好在「休息一天」或「休息三天」的角落時，則不需要支付美食費用，但仍需支付 100 元出差費給銀行；
      否則需要支付美食費用給美食商店擁有者，另外需付 100 元出差費給銀行；
   (3) 如果此美食商店尚無擁有者，則自行決定是否要購買該美食商店的經營權；
9. 如果玩家 A 已經沒有現金，則將已經擁有的美食商店經營權無償給銀行處理，並宣告破產後退出遊戲；
10. 輪到玩家 B。

❋ 玩家 B

1. 印出大富翁地圖；
2. 擲骰子，得到點數；
3. 根據骰子的點數，將公仔移到定位；
4. 如果公仔移動時恰好停留或經過起點，則可以向銀行領取 2,000 元現金；
5. 如果公仔停留在「休息一天」或「休息三天」的角落時，則代表所擁有的美食商家都跟著休息沒有營業；

6. 如果公仔停留在「機會」的位置時，則翻開「機會」卡一張，並執行裡面的動作。完成動作後，將該張卡片放置在「機會」卡的最下面；

7. 如果公仔停留在「命運」的位置時，則翻開「命運」卡一張，並執行裡面的動作。完成動作後，將該張卡片放置在「命運」卡的最下面；

8. 如果公仔停留在其他位置時，則

    (1) 如果此美食商店的擁有者是自己，則不需做任何事；

    (2) 如果此美食商店的擁有者是別人，則

    如果該擁有者剛好在「休息一天」或「休息三天」的角落時，則不需要支付美食費用，但仍需支付 100 元出差費給銀行；

    否則需要支付美食費用給美食商店擁有者，另外需付 100 元出差費給銀行；

    (3) 如果此美食商店尚無擁有者，則自行決定是否要購買該美食商店的經營權；

9. 如果玩家 B 已經沒有現金，則將已經擁有的美食商店經營權無償給銀行處理，並宣告破產後退出遊戲；

10. 輪到玩家 C。

列出玩家 A 與玩家 B 的步驟後，會發現操作步驟都是一樣的，只差在最後的步驟 9 與步驟 10。因此，玩家 C 與玩家 D 就仿照玩家 A 或玩家 B 的方式來撰寫即可。

完成了所有玩家的操作步驟記錄後，會發現玩家們操作步驟的重複性相當高，這也就是我們在進行運算思維分析時，要從原本認為雜亂的資料裡去尋找出規則，或者是我們所說的通式。如此，才有機會將整個步驟流程規則化，讓所有的玩家都可以適用。因此，根據所有玩家的步驟流程整理後，所有一開始的步驟可以簡化成如下：

▌歸納步驟

1. 輸入玩家人數；

2. 所有的玩家都向銀行領取 20,000 元當作遊戲的資金；

3. 選取一個專屬的公仔代表玩家自己；

4. i = 1 （i 代表玩家編號，A、B、C、D 編號分別為 1、2、3、4）；

5. 印出大富翁地圖；

6. 玩家 i 擲骰子，得到點數；

7. 根據骰子的點數，將公仔移到定位；

8. 如果公仔移動時恰好停留或經過起點，則可以向銀行領取 2,000 元現金；

9. 如果公仔停留在「休息一天」或「休息三天」的角落時，則代表所擁有的美食商家都跟著休息沒有營業；

10.如果公仔停留在「機會」的位置時，則翻開「機會」卡一張，並執行裡面的動作。完成動作後，將該張卡片放置在「機會」卡的最下面；

11.如果公仔停留在「命運」的位置時，則翻開「命運」卡一張，並執行裡面的動作。完成動作後，將該張卡片放置在「命運」卡的最下面；

12.如果公仔停留在其他位置時，則
 (1) 如果此美食商店的擁有者是自己，則不需做任何事；
 (2) 如果此美食商店的擁有者是別人，則
     如果該擁有者剛好在「休息一天」或「休息三天」的角落時，則不需要支付美食費用，但仍需支付 100 元出差費給銀行；
     否則需要支付美食費用給美食商店擁有者，並付 100 元出差費給銀行；
 (3) 如果此美食商店尚無擁有者，則自行決定是否要購買該美食商店的經營權；

13.如果玩家 i 已經沒有現金，則將已經擁有的美食商店經營權無償給銀行處理，並宣告破產後退出遊戲；

14.i＝i＋1 （換下一個玩家編號的意思）；

15.如果 i 大於 4，則 i＝1；

16.回到步驟 5。

大家應該可以看到，歸納出來的步驟流程比原先分別撰寫玩家的步驟流程要少許多，且整體的邏輯也就更清楚與容易了解。

由此可以知道，撰寫程式前，我們可以先將整個推理的過程描述完整，然後透過分析與歸納後，找出可以統整的邏輯，然後再改寫成一套可以適用於各種條件的通式來。在下一節裡，我們將帶各位整理出大富翁桌遊所需的相關資料結構分類。

⭐資料結構設計

在上一節裡，我們整理與歸納出大富翁桌遊的操作步驟。接下來，我們將根據整個大富翁桌遊可能會使用到的資料，進行分析與整理，以利未來要進行實作設計時可以方便使用。

首先，我們再來檢視一次於第三堂課整理出來的大富翁桌遊配件清單，以利整理出有哪些資料需要歸類處理的。原先設計的配件如下表所示：

配件名稱	數量
玩家公仔	4 個
骰子	1-2 顆
機會卡	5 張
命運卡	5 張
紙鈔	N 張
經營權證	N 張
大富翁地圖	1 張

我們針對每一種配件來進行說明：

玩家公仔

紙本桌遊會用四個塑膠人偶或紙卡來代表玩家公仔；但在數位桌遊裡，我們可以利用文字或圖像的方式來代替實體公仔的模樣。不過，需要思考的是在數位桌遊裡，可以使用何種結構才方便玩家的切換。

修改前的玩家定義

A → B → C → D → A → B …

修改後的玩家定義

P1 → P2 → P3 → P4 → P1 → P2 ……

如此一來，未來在進行玩家切換時，就可以採用 Pi（i = 1, 2, 3, 4），只要對 i 這個變數做切換即可。

骰子

根據紙本桌遊的骰子面數來定義，如果骰子有 6 面、有兩顆，那需要利用隨機的方式產生一個介於 1~12 的數值；如果骰子有 4 面、有兩顆，那需要利用隨機的方式產生一個介於 1~8 的數值。此時，只需要在數位桌遊的部分定義一個變數來記錄隨機出來的數值即可。

機會卡

原先設計的 5 張機會卡，內容如下：

* 路上撿到 100 元
* 統一發票中六獎，獲得 200 元
* 路邊停車，繳納停車費 100 元

* 機車沒油，加油支付 200 元
* 比賽獲得第一名，獎金 500 元

在數位桌遊的部分，當玩家走到機會位置時，隨機選取一張機會卡，此時在螢幕上會需要顯示該卡片的文字敘述及需要加減多少錢等。因此，我們需要透過物件的資料結構，該物件結構裡需要分別記錄：

* 機會卡片的內容
* 獲得或支付的金錢數字

在玩家抽取機會卡時，只需要讀出機會卡片的物件，就可以同時顯示機會卡片的文字說明，並進行獲得或支付的金錢計算了。

▌命運卡

原先設計的 5 張大好或大壞的命運卡，內容如下：

* 比賽獲得獎金 2,000 元
* 刮中刮刮卡，獲得 1,000 元
* 意外受傷，醫藥費支付 1,000 元
* 汽車沒油，加油支付 2,000 元
* 開發新產品，獲得權利金 5,000 元

如同機會卡的做法，在數位化的過程，當玩家走到命運位置時，隨機選取一張命運卡，此時在螢幕上會需要顯示該卡片的文字敘述及需要加減多少錢等。因此，我們同樣是採用物件的資料結構，將以下資料記錄在物件的資料結構裡。

* 命運卡片的內容
* 獲得或支付的金錢數字

在玩家抽取命運卡時，只需要讀出命運卡片的物件，就可以同時顯示命運卡片的文字說明，並進行獲得或支付的金錢計算了。

▌紙鈔

在紙本桌遊，我們設計出不同面額的紙鈔數種，例如：100 元、500 元、1,000 元等，每一種面額的紙鈔數張。但在數位桌遊的設計裡，我們只需要針對每一位玩家有一個變數結構來記錄當下所剩金額即可。

▌經營權證與大富翁地圖

玩家A：Angus　玩家B：Tom　玩家C：David　玩家D：John

休息一天 0000	呷飽食堂 3500	濟州冰舖 3500	機會 0000	好初乾麵 3500	番薯伯 3500	休息三天 0000

阜宏燒餅 4000		卑南包子 3000
阿達滷味 4000		叮哥茶飲 3000
命運 0000		命運 0000
老東台 4000		楊記地瓜 3000
刈一圓堡 4000		湯蒸火鍋 3000

歡迎來到大富翁數位桌遊　遊戲即將開始

機會：

命運：

玩家 A　20000　　玩家 B　20000　　玩家 C　20000　　玩家 D　20000

＞＞＞請玩家A按ＥＮＴＥＲ鍵擲骰子＜＜＜

開始 0000 ABCD	藍蜻蜓 2000	阿鎂炸雞 2000	機會 0000	榕樹下 2000	林家 2000	休息一天 0000

圖 4-2　大富翁地圖

　　每家店的經營權證與大富翁地圖裡各區塊的內容，我們在此一起分析與討論。我們先來看看每一個美食商店區塊會有哪些資料需要記錄或呈現的，條列如下：

* 美食商店的名稱
* 經營權的擁有者
* 取得經營權所需的費用

　　因此，當玩家來到一家美食商店時，可以先決定是否可以買下該美食商店的經營權，若這家美食商店已有擁有者，就要支付美食金額給經營權的擁有者。在數位桌遊裡，要來實現這樣資料記錄的結構，就可以採用物件的方式來完成記錄這些資料的動作。

　　第三堂課所設計的紙本大富翁桌遊，在這堂課經過一番分析與設計後，完成了相關資料結構的初步設計，以利未來數位化桌遊時可以更清楚知道要如何使用各種資料結構來記錄與呈現所需的資料。接下來的課程，我們將帶領各位將分析與撰寫的大富翁桌遊操作步驟進一步繪製出其對應的流程圖，有了流程圖就等於完成了大部分的邏輯設計，更可以在未來數位化的過程加快設計的速度。

═══ 課後練習 ═══

　　1. 在這一堂課裡，了解資料結構設計的用意為何？

第 **05** 堂課

流程圖設計與繪製

前面的幾堂課，我們完成了大富翁主題桌遊的設計（包含配件與規則），也撰寫了桌遊的操作步驟，接著也思考設計出數位化桌遊所需使用到的各種資料結構。另外，在第一堂課「運算思維介紹」裡，有提到運算思維結構訓練之訓練四——繪製流程圖，將在這堂課為各位介紹。在這一堂課裡，將帶領各位將前面文字所描述的步驟轉換成圖形化的流程圖，利用圖形化的方式來描述問題處理的步驟。這方法也是我常要求學習者要用的，因為透過圖形來說明會比較容易吸引學習者的目光，也比較了解步驟的前後關係、先後順序。

訓練四　繪製流程圖

在開始繪製流程圖之前，我們先來認識流程圖裡所需要的相關圖形符號，請參考下表整理。

符號樣式	符號名稱	意義說明	範例
	開始 / 結束	流程圖的起點與終點	開始　結束
	輸入 / 輸出	資料輸出或輸入	輸入A
	處理	流程處理與執行	L=1, R=99
	判斷 / 決策	判斷條件成立與否	A=pwd　T　F
	顯示	顯示輸出結果	印出範圍 L~R
	連結	流程圖的匯入或流出的連接點	
→	流程流向	流程執行的方向	→

我們先舉個小例子，說明如何透過操作步驟來轉換成流程圖。題目說明如下：

「兩津想要好好幫自己存一筆錢以後買模型用。他想到一個方法，就是第一天存 1 元、第二天存 2 元、第三天存 3 元，每天都比前一天多存 1 元。請問兩津存了 100 天，總共存了多少錢？若兩津的目標要存第一桶金（100 萬元），那需要存幾天才會達成目標呢？」。

⭐操作步驟

1. 假設前 n 天總共存了 S 元，剛開始 S=0

2. 第 1 天存 1 元，則 n=1，代表前 1 天存了 S=1 元

3. 第 2 天存 2 元，則 n=2，代表前 2 天存了前 1 天的總和，再加上第 2 天存的 2 元。因此，前 2 天的總和為 1（=S）+2=3 元，並放入在 S 裡

4. 第 3 天存 3 元，則 n=3，代表前 3 天存了前 2 天的總和，再加上第 3 天存的 3 元。因此，前 3 天的總和為 3（=S）+3=6 元，並放入在 S 裡

5. 第 4 天存 4 元，則 n=4，代表前 4 天存了前 3 天的總和，再加上第 4 天存的 4 元。因此，前 4 天的總和為 6（=S）+4=10 元，並放入在 S 裡

6. 第 5 天存 5 元，則 n=5，代表前 5 天存了前 4 天的總和，再加上第 5 天存的 5 元。因此，前 5 天的總和為 10（=S）+5=15 元，並放入在 S 裡

7. 以此類推，繼續做第 6 天、第 7 天、……、第 99 天

8. 第 100 天存 100 元，則 n=100，代表前 100 天存了前 99 天的總和，再加上第 100 天存的 100 元。因此，前 100 天的總和為 4950（=S）+100=5050 元，並放入在 S 裡

9. 印出 S（此時就代表前 100 天存錢的總和）

10. 繼續存第 101 天，並算出前 101 天的總和 S

11. 如果 S 大於 100 萬，則印出 n=101 並結束

12. 繼續存第 102 天，並算出前 102 天的總和 S

13. 如果 S 大於 100 萬，則印出 n=102 並結束

14. 繼續存第 103 天，並算出前 103 天的總和 S

15. 如果 S 大於 100 萬，則印出 n=103 並結束

16. 以此類推，繼續做第 104 天、第 105 天、……、，直到找到 S 大於 100 萬為止

由上面的步驟，我們可以看到一個特性為

第 i 天：

存 i 元，則 n=i，代表前 i 天存了前 i-1 天的總和，再加上第 i 天存的 i 元。

因此，前 i 天的總和為前 i-1 天的總和 S+ 第 i 天的 i 元，並再放入在 S 裡

如果 S 大於 100 萬，則印出 n 並結束。

知道了這個特性後，我們就可以把這些步驟歸納、簡化並改寫為：

設定 S 為一剛開始第 0 天的總和為 0、i 為 1

如果 S 小於等於 100 萬，執行

第 i 天：

      a. 設定 n 為 i

      b. 將前 i-1 天的總和 S 與第 i 天的 i 元相加後，再放入在 S 裡

      c. 將變數 i 再加 1

否則印出變數 n

對應出其相應的流程圖，如圖 5-1 所示。

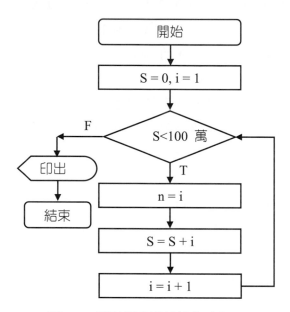

圖 5-1　將計算步驟轉換為流程圖

有了這個例子的整個操作認識後，我們再回到大富翁桌遊，來看看如何將大富翁桌遊的操作步驟轉換成流程圖的樣式。還記得第四堂課整理出來的操作步驟嗎？我們再來複習一次歸納出來的步驟，如下所述。

⭐ 歸納步驟

1. 輸入玩家人數 n；

2. 所有的玩家都跟銀行領取 20,000 元當作遊戲的資金；

3. 選取一個專屬的公仔代表玩家自己；

4. i = 1（i 代表玩家編號）；

5. 印出大富翁地圖；

6. 玩家 i 擲骰子，得到點數；

7. 根據骰子的點數，將公仔移到定位；

8. 如果公仔移動時恰好停留或經過起點，則可以向銀行領取 2,000 元的現金；

9. 如果公仔停留在「休息一天」或「休息三天」的角落時，則代表所擁有的美食商家都跟著休息沒有營業；

10. 如果公仔停留在「機會」的位置時，則翻開「機會」卡一張，並執行裡面的動作。完成動作後，將該張卡片放置在「機會」卡的最下面；

11. 如果公仔停留在「命運」的位置時，則翻開「命運」卡一張，並執行裡面的動作。完成動作後，將該張卡片放置在「命運」卡的最下面；

12. 如果公仔停留在其他位置時，則

    12.1. 如果此美食商店的擁有者是自己，則不需做任何事；

    12.2. 如果此美食商店的擁有者是別人，則

        ① 如果該擁有者剛好在「休息一天」或「休息三天」的角落時，則不需要支付美食費用，但仍需支付 100 元出差費給銀行；

        ② 否則需要支付美食費用給美食商店擁有者與 100 元出差費給銀行；

    12.3. 如果此美食商店尚無擁有者，則自行決定是否要購買該美食商店的經營權；

13. 如果玩家 i 已經沒有現金，則將已經擁有的美食商店經營權無償給銀行處理，並宣告破產後退出遊戲；

14. i = i + 1（換下一個玩家編號的意思）；

15. 如果 i 大於 n，則 i = 1；

16. 如果玩家大於 1 位，回到步驟 5。

根據這樣的歸納步驟，我們的流程圖就照著上面的步驟一步一步，由上往下直接繪製即可。因此，我們可以看到每個步驟對應的流程圖如下。

1. 輸入玩家人數 n；

2. 所有的玩家都跟銀行領取 20,000 元當作遊戲的資金；

3. 選取一個專屬的公仔代表玩家自己；

4. i = 1（i 代表玩家編號）；

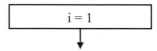

5. 印出大富翁地圖；

6. 玩家 i 擲骰子，得到點數；

7. 根據骰子的點數，將公仔移到定位；

8. 如果公仔移動時恰好停留或經過起點,則可以向銀行領取 2,000 元的現金;

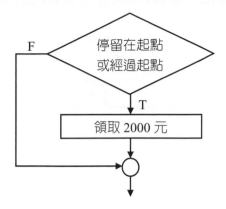

9. 如果公仔停留在「休息一天」或「休息三天」的角落時,則代表所擁有的美食商家都跟著休息沒有營業;

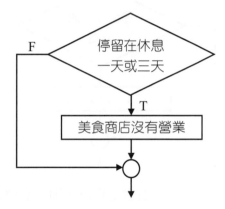

10.如果公仔停留在「機會」的位置時,則翻開「機會」卡一張,並執行裡面的動作。完成動作後,將該張卡片放置在「機會」卡的最下面;

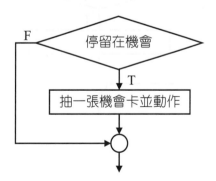

11. 如果公仔停留在「命運」的位置時,則翻開「命運」卡一張,並執行裡面的動作。完成動作後,將該張卡片放置在「命運」卡的最下面;

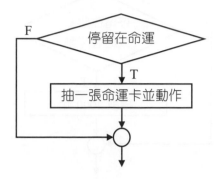

12. 如果公仔停留在其他位置時,則

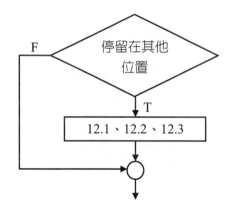

12.1. 如果此美食商店的擁有者是自己,則不需做任何事;

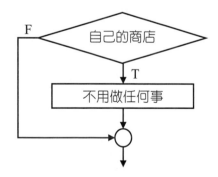

12.2. 如果此美食商店的擁有者是別人，則
如果該擁有者剛好在「休息一天」或「休息三天」的角落時，則不
需要支付美食費用，但仍需支付 100 元出差費給銀行；否則需要支
付美食費用給美食商店擁有者與 100 元出差費給銀行；

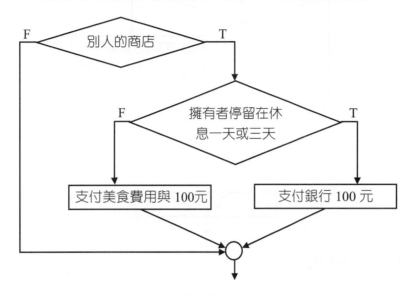

12.3. 如果此美食商店尚無擁有者，則自行決定是否要購買該美食商店的
經營權；

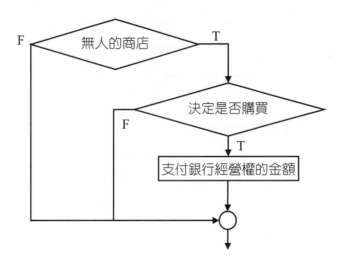

遊戲式運算思維學 Python 程式設計

13.如果玩家 i 已經沒有現金，則將已經擁有的美食商店經營權無償給銀行處
　理，並宣告破產後退出遊戲；

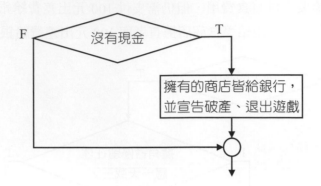

14.i = i + 1 （換下一個玩家編號的意思）；

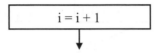

15.如果 i 大於 n，則 i = 1；

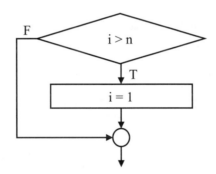

16.如果玩家大於 1 位，回到步驟 5。

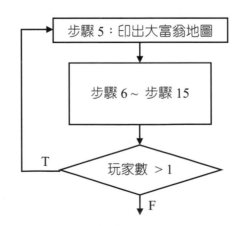

　　根據第四堂課所歸納出來的步驟，經過一步一步的流程圖繪製，我們就可以很清楚知道每個步驟所需要給予的判斷或該執行哪些動作，且清楚地知道執行的先後順序。接下來，在下一堂課，我們將帶領各位導入 Python 程式語言，讓原先紙上談兵的作業一步步地完成其數位化。

課後練習

1. 「如果該擁有者剛好在『休息一天』或『休息三天』的角落時，則不需要支付美食費用，但仍需支付 100 元出差費給銀行；否則需要支付美食費用給美食商店擁有者與 100 元出差費給銀行」，請問這段敘述的流程圖要如何表示？

2. 「輸入帳號與密碼，如果驗證正確，則進行執行下面的動作；否則回到上一步驟重新輸入」，請問這段敘述的流程圖要如何表示？

3. 請問演算法需要遵守哪五項標準原則？

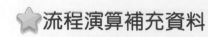

流程演算補充資料

演算法，在資訊科學領域裡是很重要的基礎科目。演算法和程式語言是不一樣的，可以把演算法當成是一種問題思考與處理的流程，而程式語言則是將演算法透過特定語言的文法規則撰寫成電腦可執行的語言。所以，我們可以先把問題的處理流程寫下來，再把這個處理流程換成相對應的程式語言（如：C / C++ / C#、Python、Java 等）。由這就可以看出，面對一個問題，你將會先想出處理問題的演算法後，再把演算法轉換成程式。

一般來說，演算法必須遵守以下五個標準原則：

1. 輸入（Input）

每個演算法的輸入資料量至少（大於等於）0 個。

說明一

> 若需要取得隨機的數值進行計算，則不需要任何的輸入動作，只要利用 Rand() 的函數即可完成。

說明二

> 在玩猜數字遊戲時，則需要輸入一組數字不重複的四位數，才可以知道猜的結果。

2. 輸出（Output）

每個演算法的輸出結果至少（大於等於）1 個。

說明一

> 老師要將學生成績依照高低順序排列，則需透過程式進行排序後，再將結果輸出到螢幕或列印出來。

說明二

> 在進行搜尋時，給了欲搜尋的資料後，則程式會輸出所尋找的資料的位置。

3. 明確性（Definiteness）

每個演算法中的每一個敘述或指令都必須是明確的。

說明一

> 判斷輸入的數字是否為質數。
>
> 同學常會將流程寫成「確認該數的因數是否只有兩個」，這樣的寫法對演算法而言就是不夠明確。因此，可以改寫成「將該數與 1~ 本身等數字相除，若確認可以整除的個數只有 2 個（即 1 與數字本身），該數即為質數」。

說明二

> 當我們在做人物追蹤時，同學在看影片分析移動物體，常會說只要找到「會動的人」就可以了。這時候，我會繼續問說，什麼叫作「會動」的「人」，這需要定義清楚且明確，否則電腦沒有眼睛，是無法像人一樣幫你判斷的。

4. 有限性（Finiteness）

每個演算法必須在執行有限個步驟後能夠終止。

說明一

> 一般來說，大部分的演算法或程式都可以在有限的步驟內完成要解決的問題。例如，在 Google 上進行資料搜尋，當輸入關鍵字後，按下搜尋按鈕，就會在有限的步驟內，在 Google 的資料庫裡找到可能是你要的結果。

說明二

> 現實的系統裡，有些案例卻不見得會符合「有限性」這個原則。例如，現在的作業系統或是各種社群軟體，它們的演算法在執行後都是處於無窮迴圈的狀態下，在此狀態等候各種可能進到此系統的事件，才有辦法判斷是否需要跳出畫面通知使用者有電話進來、有訊息進來等。

大部分的演算法或程式都還是要遵守「有限性」這個原則，要不然大家寫的演算法或程式都是無限步驟，那就永遠都沒有停止的一天，這樣會嚴重浪費系統資源，最後拖累整個系統。

5. 有效性（Effectiveness）

每個演算法中的每個敘述或指令必須是夠基本且有效的執行，並可以得到確定的結果，可讓人用紙和筆即可追蹤。

說明一

> 這原則是不用去考慮演算法或程式的效能和程式語言的語法，只要用紙筆就能在紙上進行演算與步驟追蹤，且就能確定問題是否可以被解決。

說明二

> 「有效性」的原則是在乎其「可操作」，因此不論操作步驟的好壞、效率快慢，它都還是演算法。

有了以上的說明，相信大家就更清楚演算法的定義了。接下來，我們來簡單說明一下常見的演算法表示方法。

1. 文字描述法

利用文字來說明問題的處理步驟，這是筆者最常用的方法（參考第四堂課）。因為文字描述是運算思維訓練的第一步，懂得如何有效利用文字來說明問題處理的步驟，就能讓邏輯變得更清楚，且聽或看的人也才有機會進一步與你有效溝通。

學生常常很會想、很會說，但都寫不出來，且寫沒幾個字就詞窮了。訓練用文字來描述，「寫過」就代表「有想過、有思考過」，這樣的訓練將對學生的未來會有很大的幫助。

2. 流程圖（Flowchart）

利用圖形化的方式來描述問題處理的步驟。這方法也是我常要求學生要用的，因為透過圖形來說明，會比較容易吸引學習者的目光，也比較了解步驟的前後關係、先後順序。

3. 虛擬語言（Pseudo-Language）

利用文字中混合自然語言和高階程式語言的一種特殊語言表示法，透過其特殊性，可以更簡易地描述出問題處理的流程與步驟，但要注意的是，虛擬語言所描述的相關指令是無法被電腦執行的哦！

4. 程式語言

程式語言本身也是一種演算法的表示方式，通常在使用程式語言描述演算法時，都會採用高階程式語言來表示；至於機器語言、組合語言等則比較不適合用來描述演算法，因為其可讀性較低，比較不容易讓人們了解。

## 第二部分

上機實作

第 **06** 堂課

流程實作

在第一部分的課程裡，雖然都是在紙上作業，但其重點是要大家習慣運算思維的思考模式，以及利用手寫的方式，把想到的東西記錄並整理下來。有紙本的紀錄資料將有助於未來在實作時，有相關分析資料可以參考對照使用。

在這一堂課裡，我們將針對各位於第五堂課所設計與繪製出的流程圖，將其流程架構利用 Python 程式語言撰寫出程式來。大家是否會有點擔心，擔心那個流程架構這麼大、這麼複雜，我真的可以完成這項艱鉅的任務嗎？各位可以不用擔心，有分析的資料就好辦事，只要根據分析的資料順序，一步一步建構出 Python 語法即可。我們就來試試看吧！

在開始將流程圖對應 Python 程式語法之前，我們先來簡單介紹一下大富翁數位化過程中用到的 Python 結構。待這些 Python 結構觀念都了解後，我們再利用 Python 語言串起整個流程。

⭐ 大富翁程式資料結構

首先，我們先來介紹在大富翁數位化的過程中會用到的幾個基本程式結構：

▎循序結構

這種結構是由上而下一個程式指令接著一個程式指令執行，沒有分支、沒有轉移、沒有迴圈，結構本身的邏輯非常簡單，如圖 6-1。

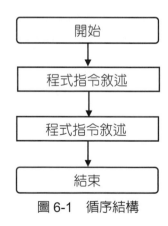

圖 6-1　循序結構

判斷結構

　　判斷結構又稱為選擇結構，程式的處理步驟會出現不同的路徑，但需要根據某一特定的條件判斷後，再選擇其中的一個路徑去執行。選擇結構會有單一選擇、二選一選擇和多選一選擇等三種形式。

單一選擇結構

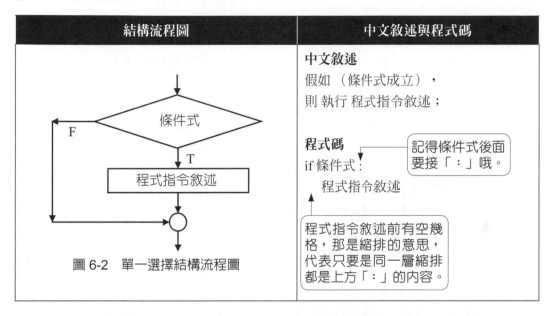

結構流程圖	中文敘述與程式碼
圖 6-2　單一選擇結構流程圖	**中文敘述** 假如（條件式成立）， 則 執行 程式指令敘述； **程式碼** if 條件式：　記得條件式後面要接「：」哦。 　　程式指令敘述 程式指令敘述前有空幾格，那是縮排的意思，代表只要是同一層縮排都是上方「：」的內容。

二選一選擇結構

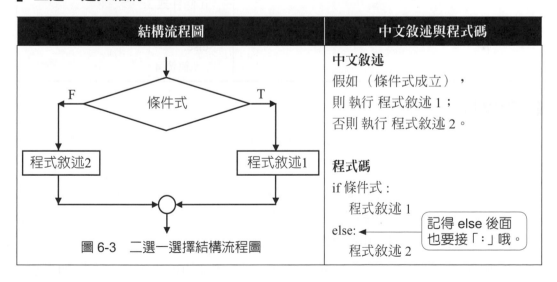

結構流程圖	中文敘述與程式碼
圖 6-3　二選一選擇結構流程圖	**中文敘述** 假如（條件式成立）， 則 執行 程式敘述 1； 否則 執行 程式敘述 2。 **程式碼** if 條件式： 　　程式敘述 1 else：　記得 else 後面也要接「：」哦。 　　程式敘述 2

多選一選擇結構

多選一的選擇結構組合狀況有非常多種，以下舉其中一種狀況說明：

結構流程圖	中文敘述與程式碼

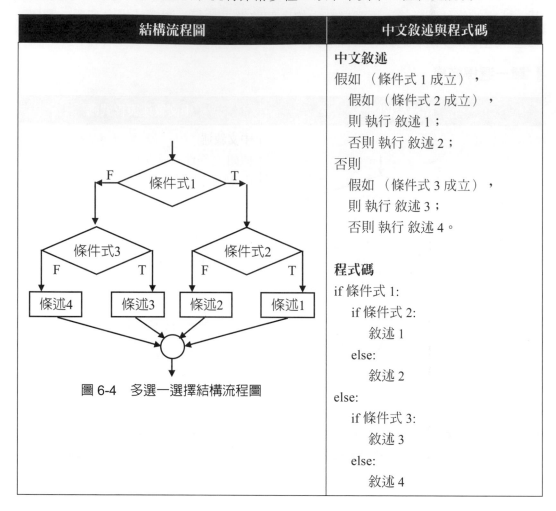 圖 6-4　多選一選擇結構流程圖	**中文敘述**
	假如（條件式 1 成立），
	　假如（條件式 2 成立），
	　則 執行 敘述 1；
	　否則 執行 敘述 2；
	否則
	　假如（條件式 3 成立），
	　則 執行 敘述 3；
	　否則 執行 敘述 4。
	
	程式碼
	if 條件式 1:
	　　if 條件式 2:
	　　　　敘述 1
	　　else:
	　　　　敘述 2
	else:
	　　if 條件式 3:
	　　　　敘述 3
	　　else:
	　　　　敘述 4

迴圈結構

　　程式流程會反覆執行某一段敘述多次，直到某個條件為不成立時才會停止該迴圈的運作。該結構的基本形式有兩種：前測型迴圈和後測型迴圈。

　　前測型迴圈是會先判斷條件，當給定的條件成立時，則會執行迴圈內部的程式敘述，並且在迴圈尾端處自動返回到迴圈起始處入口；如果條件不成立，則結束迴圈內部運作，並直接到達迴圈流程出口處。

　　後測型迴圈則是從結構入口處直接執行迴圈內部的程式敘述，並在迴圈尾端處判斷條件是否成立，如果給定的條件成立，則返回迴圈起始入口處繼續執行迴圈內部程式敘述，直到給定的條件不成立為止，才會退出到迴圈外。

前測型迴圈結構

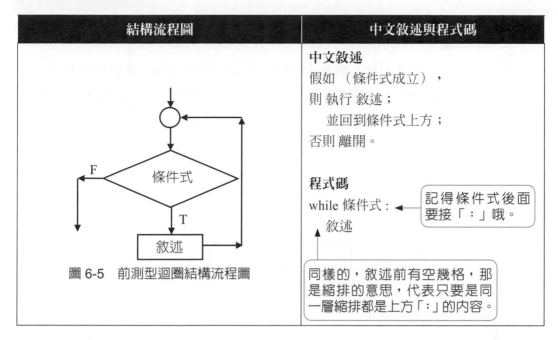

結構流程圖	中文敘述與程式碼
圖 6-5　前測型迴圈結構流程圖	**中文敘述** 假如（條件式成立）， 則 執行 敘述； 　並回到條件式上方； 否則 離開。 **程式碼** while 條件式：　← 記得條件式後面要接「：」哦。 　敘述 同樣的，敘述前有空幾格，那是縮排的意思，代表只要是同一層縮排都是上方「：」的內容。

後測型迴圈結構

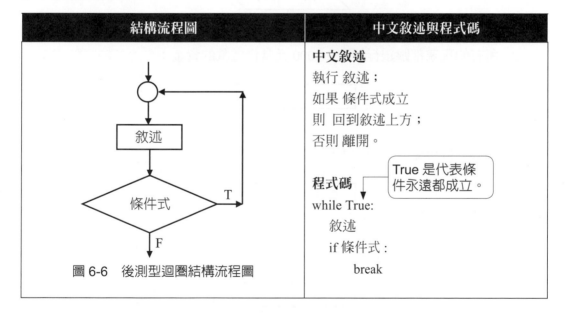

結構流程圖	中文敘述與程式碼
圖 6-6　後測型迴圈結構流程圖	**中文敘述** 執行 敘述； 如果 條件式成立 則 回到敘述上方； 否則 離開。 **程式碼** while True:　← True 是代表條件永遠都成立。 　敘述 　if 條件式： 　　break

　　值得注意的地方是，在 Python 的語法裡並沒有所謂的後測型迴圈結構，也就是說，沒有所謂的 do…while 程式指令。但後測型迴圈結構是非常常見的一種程式結構，因此我們可以透過 while 與 break 的結合來完成後測型迴圈結構的應用。

另外，我們順便介紹一下兩個常用的程式指令：

* **break**：中斷所執行的迴圈結構後，到迴圈外繼續執行。
* **continue**：迴圈的執行並沒有結束，只是未執行 **continue** 後面的剩餘指令。

原則上，當我們由上往下將程式分解成多個較小且具獨立功能的模組後，每個功能模組裡的功能單元，應該都可以透過這三個結構的組合來完成程式流程的設計。如此一來，我們就可以確保每個功能單元都正確可執行且無誤，再進一步進行程式模組整合時，也就比較不容易產生功能性的錯誤。

接著，我們先來複習一下步驟與流程圖的對應，如下所示：

▌步驟與相對流程圖

1. 輸入玩家人數 n；

2. 所有的玩家都跟銀行領取 20,000 元當作遊戲的資金；

3. 選取一個專屬的公仔代表玩家自己；

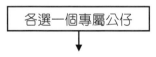

4. i = 1（i 代表玩家編號）；

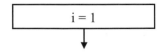

5. 印出大富翁地圖；

6. 玩家 i 擲骰子，得到點數；

7. 根據骰子的點數，將公仔移到定位；
8. 如果公仔移動時恰好停留或經過起點，則可以向銀行領取 2000 元的現金；

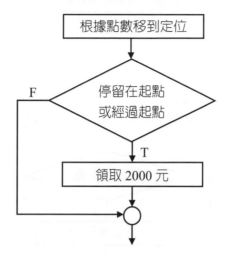

9. 如果公仔停留在「休息一天」或「休息三天」的角落時，則代表所擁有的
   美食商家都跟著休息沒有營業；

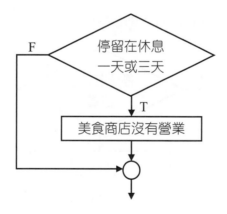

10. 如果公仔停留在「機會」的位置時，則翻開「機會」卡一張，並執行裡面的動作。完成動作後，將該張卡片放置在「機會」卡的最下面；

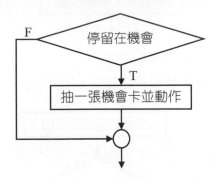

11. 如果公仔停留在「命運」的位置時，則翻開「命運」卡一張，並執行裡面的動作。完成動作後，將該張卡片放置在「命運」卡的最下面；

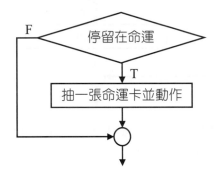

12. 如果公仔停留在其他位置時，則

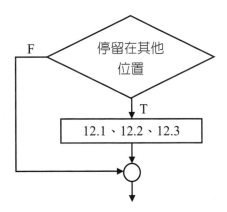

12.1 如果此美食商店的擁有者是自己，則不需做任何事；

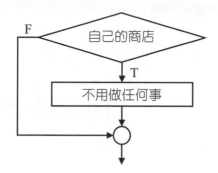

12.2 如果此美食商店的擁有者是別人，則

如果該擁有者剛好在「休息一天」或「休息三天」的角落時，則不需要
支付美食費用，但仍需支付 100 元出差費給銀行；否則需要支付美食費
用給美食商店擁有者與 100 元出差費給銀行；

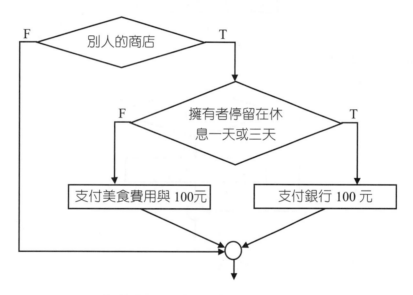

12.3 如果此美食商店尚無擁有者，則自行決定是否要購買該美食商店的經營
權；

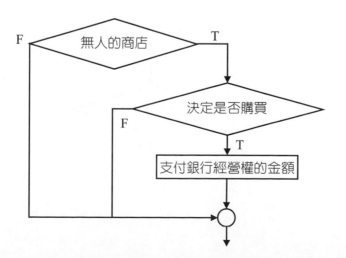

13. 如果玩家 i 已經沒有現金，則將已經擁有的美食商店經營權無償給銀行處理，並宣告破產後退出遊戲；

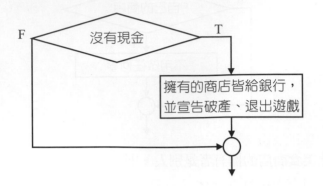

14. i = i + 1 （換下一個玩家編號的意思）；

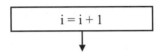

15. 如果 i 大於 n，則 i = 1；

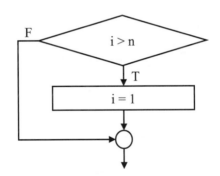

16. 如果玩家大於 1 位，回到步驟 5。

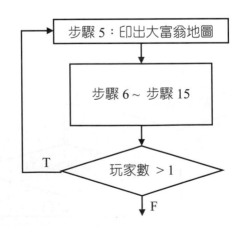

　　根據整個步驟與流程對應圖，我們先將程式的概略架構給制定出來，未來只需針對各個部分去進行程式語法的確認與優化就可以了。流程步驟與 Python 的虛擬程式架構之對應，如下所示：

1	輸入玩家人數
2	每人領取 20000 元
3	每人選取一個專屬公仔
4	i = 1
	while True:
5	印出大富翁地圖
6	擲骰子，得到點數
7	根據點數移到定位
8	# 開始（起點）模組
	if 停留在起點或經過起點：
	領取 2000 元
9	# 角落模組
	if 停留在休息一天或三天：
	美食商店沒有營業
10	# 機會模組
	if 停留在機會：
	抽一張機會卡並動作
11	# 命運模組
	if 停留在命運：
	抽一張命運卡並動作

> #：註解的開頭，代表後面是說明

12   # 主題區塊（美食商店）模組

            if 停留在其他位置：

12.1   if 是自己的商店：

                    不用做任何事

12.2   if 是別人的商店：

                    if 擁有者停留在休息一天或三天：

                        支付銀行 100 元

                    else：

                        支付美食費用與 100 元

12.3   if 是無人的商店：

                    if 決定是否購買：

                        支付銀行經營權的金額

13   # 破產處理

            if 玩家沒有現金：

                擁有的商店皆給銀行並宣告破產、退出遊戲

14   i = i + 1

15   if i > 4:

                i = 1

16   if 只剩一個玩家：

                break

　　在這一堂課裡，我們完成了大富翁流程架構的撰寫，也將程式部分語法放入流程架構中，但這整個流程還無法執行。我們將在接下來的課堂裡，帶領各位把每個不完整的語法與可能搭配資料一步步地設定與撰寫完成，並進行每個模組的測試。

課後練習

1. 程式設計所使用的基本結構有哪三種？
2. 「如果該擁有者剛好在『休息一天』或『休息三天』的角落時，則不需要支付美食費用，但仍需支付 100 元出差費給銀行；否則需要支付美食費用給美食商店擁有者與 100 元出差費給銀行」，請問這段敘述會採用何種結構來表示？
3. 「輸入帳號與密碼，如果驗證正確，則執行下面的動作；否則回到上一步驟重新輸入」，請問這段敘述會採用何種結構來表示？
4. 在 Python 的程式語法裡，# 符號的意思爲何？
5. 寫 Python 程式時，「內縮」的用意爲何？

Python 補充資料

▌環境架設

開始使用 Python 程式之前，我們需要先建立執行的環境，而程式環境可分為兩種，一種為線上開發環境；另一 種為線下開發環境。如下說明：

線上開發環境：我們可以直接連線到專門進行程式設計開發的網站，進行程式的撰寫與編譯，以了解其執行結果的正確與否。以下介紹常用的網站：

https://repl.it/

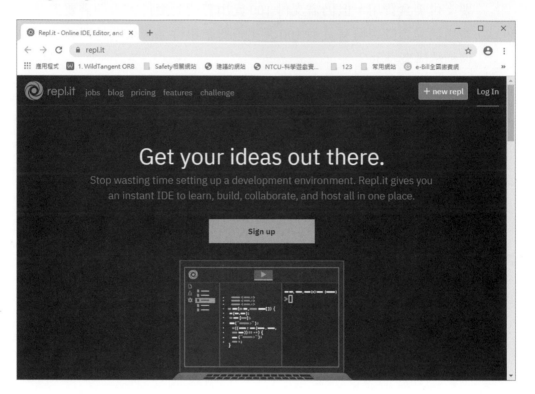

直接點選右上角的「+new repl」後，選擇你要採用的程式語言即可進入程式編輯頁面。

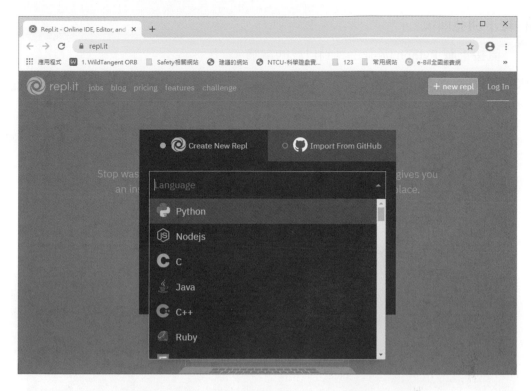

產生以下的畫面後，就可以開始寫程式了。

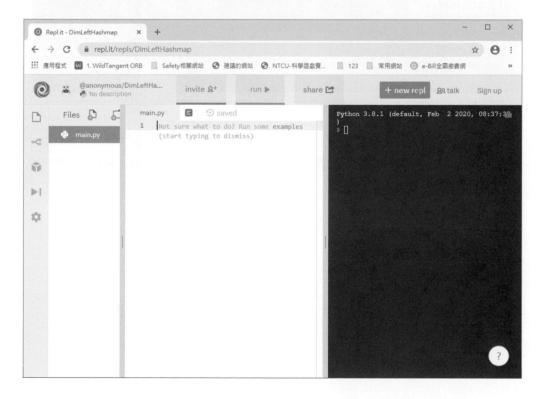

▌ 線下開發環境

直接下載 Python 開發工具到自己的電腦。

軟體一：連到 Python 官網進行開發工具的下載（https://www.python.org/downloads/），操作步驟如下：

> **下載軟體**：根據作業系統下載所需的軟體，如：按下「Download Python 3.8.2」的按鈕即可下載。

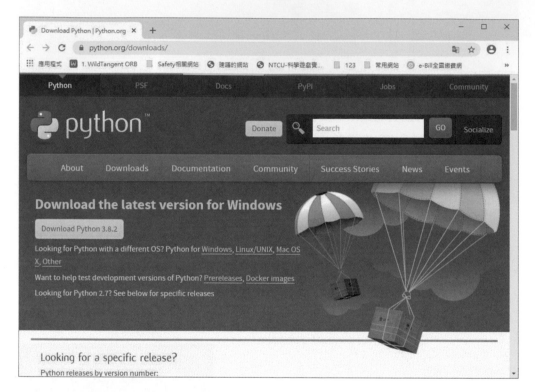

> **安裝作業**：執行下載的檔案，此時按下畫面的「Install Now」開始進行安裝。

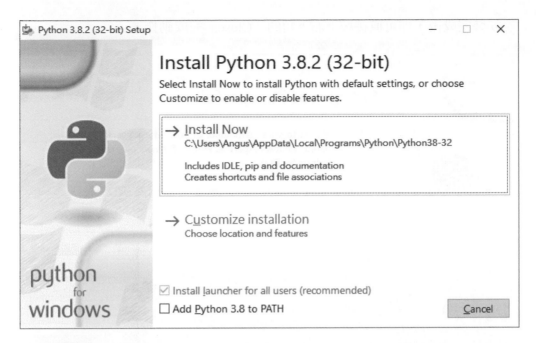

畫面會呈現出安裝的百分比,請靜候其安裝至 100% 完成爲止。

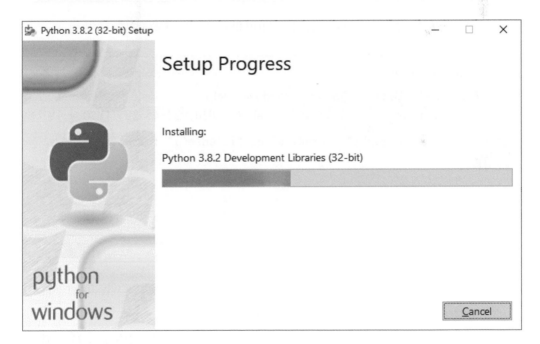

遊戲式運算思維學 Python 程式設計

安裝完成後，即可直接按下右下角的「Close」完成動作。

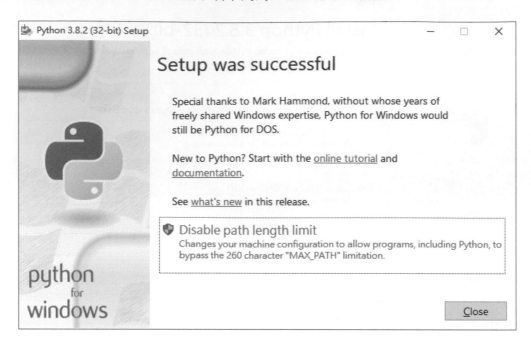

撰寫程式：開啓 Python IDLE，即可進行程式的撰寫與編譯執行。

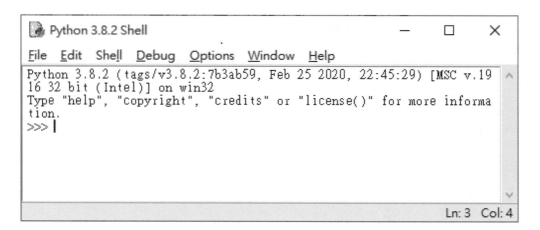

軟體二：校園常用開發軟體 Anaconda，連線到 https://www.anaconda.com/ distribution/ 進行下載與安裝，操作步驟如下：

　　下載軟體：根據頁面點擊「Download」按鈕後，選擇作業系統下載所需的軟體，如：按下「Download」的按鈕即可下載 Python 3.7 version。

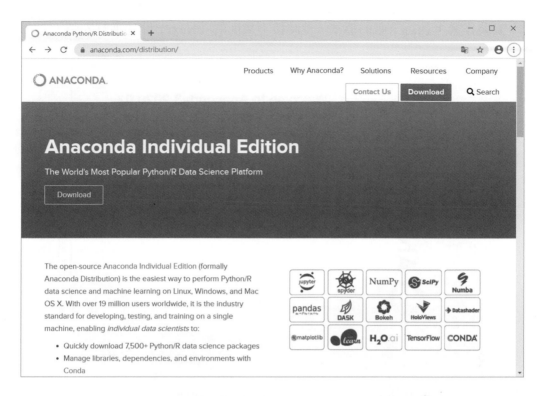

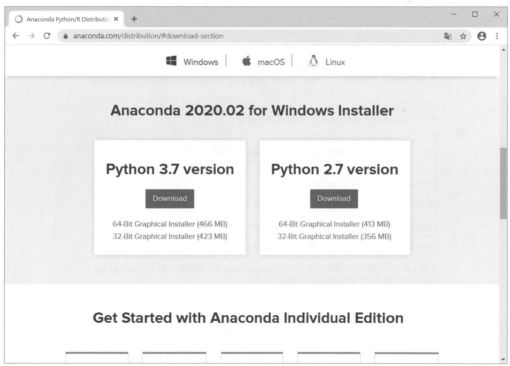

安裝作業：執行下載的檔案，此時按下畫面的「Next」開始進行安裝。

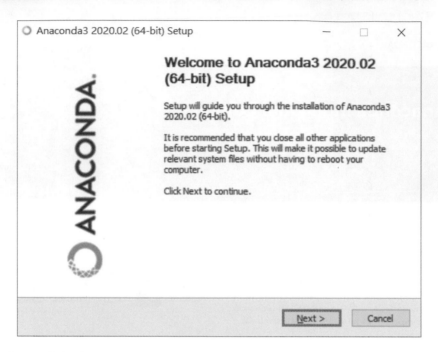

接著，是該軟體的 License Agreement 的頁面，請按「I Agree」同意。

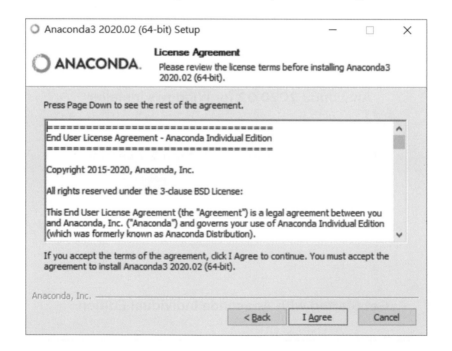

接下來的頁面是詢問誰可以使用這套軟體，可以參考軟體建議選擇 Just Me，
並按下右下角的「Next」按鈕。

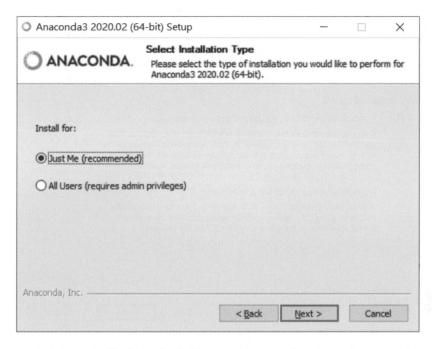

畫面繼續詢問要將軟體安裝到哪個資料夾，若沒有特別設定，就按照系統指
定即可。

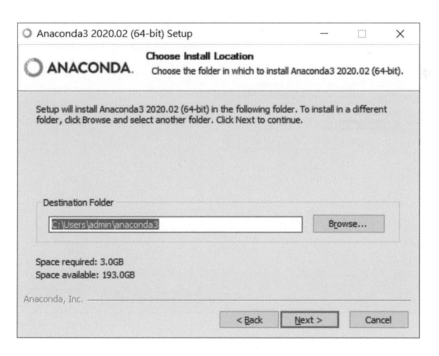

最後，這一頁面是額外的安裝選項，建議使用系統設定，直接按下「Install」開始安裝。

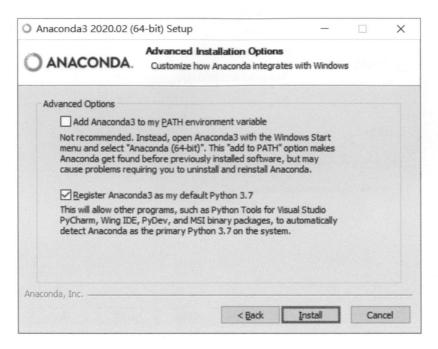

畫面會呈現出安裝的百分比，請靜候其安裝至 100% 完成為止。

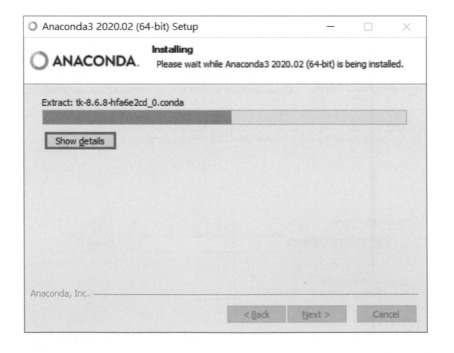

安裝完成後，即可直接按右下角的「Next」兩次，再按下「Finish」即完成動作。

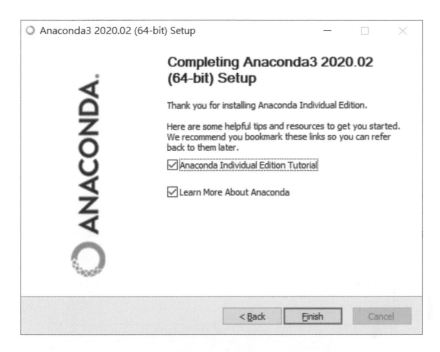

撰寫程式：開啓 Spyder，即可進行程式的撰寫與編譯執行。

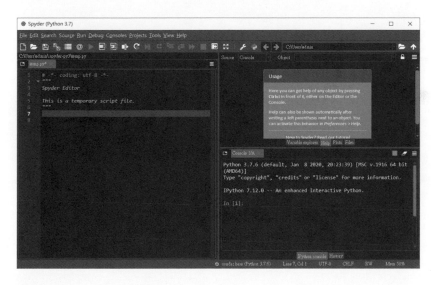

▌註解使用方式

當我們的程式要寫註解說明時，我們可以用以下的標記來做爲註解的開始：

* ＃：代表單行註腳的開始。
* """…""" 或 '''…'''：多行註解說明，可以用三個雙引號當開頭與結尾或用三個單引號當開頭與結尾。

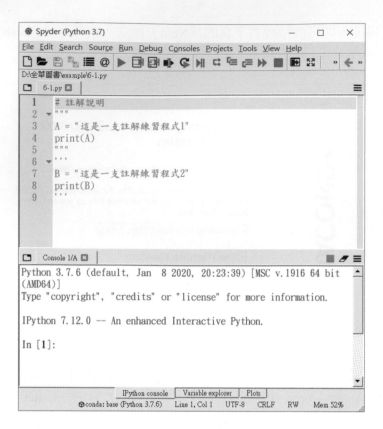

第 07 堂課

變數與串列宣告

從第六堂課開始，我們進入了大富翁數位化的實作。目前已經完成了整個流程的實作部分。接下來，我們就要開始一步步分析，在流程中每個部分所需要用到的程式語法與指令。

在這一堂課，我們先來思考一個問題：在大富翁裡有很多資料是需要被記錄的，那我們該如何去記錄這些資料呢？例如：我有四位玩家，分別是 Angus、Tom、David、John，在程式設計時，可以用何種方式將四個玩家的名字記錄下來？以下將為各位做說明。

⭐變數

在程式設計裡，我們需要透過變數的宣告使用，才能讓程式編譯時知道這些名稱是由程式設計師給定義出來使用的。因此，在撰寫程式的時候，需要直接給予一個有意義且好辨識的名稱，好讓自己未來要使用的時候知道變數的名稱是什麼。那麼，什麼是有意義且好辨識的變數？以下舉例說明：

就如前面所說的，在遊戲中要記錄四位玩家的姓名，一般人可能為了方便，會直接寫成下方的樣子。參考以下的模擬程式 7-1.py 所示：

```
A = "Angus"
B = "Tom"
C = "David"          輸出 print() 的使用
D = "John"           方式，請參考本堂課
print(A)             的補充資料。
print(B)
print(C)
print(D)
```

7-1.py 執行結果如下：

```
In [1]: runfile('D:/全華圖書/example/7-1.py', wdir='D:/全華圖書/example')
Angus
Tom
David
John
```

　　問題是，這樣的玩家姓名命名方式會讓程式設計師在未來使用的時候，容易忘記玩家 A、玩家 B、玩家 C 或玩家 D 的姓名變數名稱當初用的是什麼？這樣就容易造成變數名稱的可辨識度降低，用起來就會比較沒有效率、也容易出錯。因此，我們可以採用容易辨識且好記的命名方式，例如：姓名的英文可以用 Name 來處理，那就可以將玩家 A 的姓名之變數命名為 Name_A 或 NameA；玩家 B 就可以命名為 Name_B 或 NameB 等類似的命名規則。最後，程式所呈現的樣貌如下 7-2.py 所示：

```
NameA = "Angus"
NameB = "Tom"
NameC = "David"
NameD = "John"
print(NameA)
print(NameB)
print(NameC)
print(NameD)
```

7-2.py 執行結果如下：

```
In [1]: runfile('D:/全華圖書/example/7-2.py', wdir='D:/全華圖書/example')
Angus
Tom
David
John
```

　　如此一來，未來你若需要取用玩家 C 的名字，就會聯想到 NameC 這樣的變數名稱了。

　　Python 程式設計的方便性，就是這些變數不用事先宣告，不像 Java、C# 等程式語言，在使用各種變數前需要先宣告後才能使用。因此，你只要跟它說這個變數是什麼樣的資料型別即可。例如：

數值型別

參考 7-3.py 程式說明如下：

```
# 數值型別
A = 1 # 整數
B = 2.5 # 浮點數
C = 1 + 1j # 數學的複數（complex number）
D = 1 < 2 # 布林（bool）
print(A)
print(B)
print(C)
print(D)
```

7-3.py 執行結果如下：

```
In [1]: runfile('D:/ 全華圖書 /example/7-3.py', wdir='D:/ 全華圖書 /example')
1
2.5
(1+1j)
True
```

字串型別

參考 7-4.py 程式說明如下：

```
# 字串型別
A = "Python 1" # 雙引號方式
B = 'Python 2' # 單引號方式
C = "" # 空字串，單引號或雙引號皆可
D = "D" # 單字元的當作長度為 1 的字串處理
張 = "Angus" # 變數名稱為中文也行哦
print(A)
print(B)
print(C)
print(D)
print( 張 )
```

7-4.py 執行結果如下：

```
In [1]: runfile('D:/ 全華圖書 /example/7-4.py', wdir='D:/ 全華圖書 /example')
Python 1
Python 2


D
Angus
```

⭐串列

　　在 Python 程式語言裡，我們所使用的串列（list）結構就像是在其他程式語言（如：Java、C# 等）裡用的陣列是一樣。那我們何時需要用到串列呢？先回到剛剛變數的例子，大富翁遊戲裡有四位玩家，分別是 Angus、Tom、David、John，也用字串變數的方式命名好他們個別的名稱，分別為 NameA、NameB、NameC 和 NameD。但是當你要取用某一位玩家姓名時，就需要去進行判斷，才有辦法很正確的使用到該玩家的變數名稱。不過，這個問題可以利用串列的方式來解決，且會很方便處理使用。

　　何時需要使用到串列的結構呢？原則上，當你在設計時，若有需要相同的資料型別與結構，取用時只需要根據特定的索引值就可以找得到所需要的資料，那這時候就可以採用串列的結構來設計。就以剛剛的四位玩家姓名來說，它們都是相同的字串型別，且玩家間的切換可以透過 0、1、2、3 來分別代表玩家 A、玩家 B、玩家 C 與玩家 D。以下透過實際範例 7-5.py 說明之。

```
# Name 是一個串列，有四個元素
Name=["Angus", "Tom", "David", "John"]
print(Name[0])  # 取出 Name 的第一位玩家名稱
print(Name[3])  # 取出 Name 的第四位玩家名稱
```

> 串列的索引值起始位置是從 0 開始。

7-5.py 執行結果如下：

```
In [1]: runfile('D:/ 全華圖書 /example/7-5.py', wdir='D:/ 全華圖書 /example')
Angus
John
```

需要注意的是，串列的前後是以中括號來標示之，裡面的元素資料是透過逗號來隔開，資料的型別可以相同也可以不同。

最後，我們來做個思考，大富翁桌遊的那張地圖，總共有 24 個區塊，包含了一個開始、三個角落、兩個機會、兩個命運和 16 個美食商店。那你覺得要用什麼結構來記錄這 24 個區塊的前後位置與順序，方便讓玩家可以很輕易地知道自己走到哪一個區塊了？沒錯，用串列結構來處理，會是一個不錯的方法哦！

來到這堂課的尾聲，相信你已經知道如何使用各種變數與串列結構，如何把自己設計的大富翁桌遊用適合的資料結構來處理。在本堂課的後面還有提供 Python 程式語言的補充資料，讓你可以更清楚知道一些需要注意的地方。在下一堂課裡，我們將帶領各位開始讓玩家可以進行移動，並顯示相關結果來。

課後練習

1. 變數的命名需要給予一個有＿＿＿＿且好＿＿＿＿的名稱。
2. 請說明變數的命名規則。
3. print() 指令的功用為何？
4. A=3

   B=2

   A += B

   請問 print(A) 的結果為何？
5. 串列的索引值，其起始位置是多少？

Python 補充資料

▍變數命名規則

❋ Python 3 支援 Unicode 編碼，原則上除了關鍵字、特殊符號或運算子外，其他字元都可以當作變數名稱來使用。

❋ 變數的第一個字元可以是英文、底線（_）或中文，至於之後的字元可以是英文、數字、底線（_）或中文。

❋ 英文字母有大小寫的分別，要注意命名時所使用的方式。

❋ 關鍵字、內建常數、內建函式或類別等名稱都不能使用。

❋ 若名稱命名過長，可以使用有意義的縮寫，但記得加註解說明之。

▍常用運算子

❋ 算數運算子

　♦ +：加法，也可以用來表示正數值。另外也可以用來連結字串，但須注意的是，要連結的都要是字串才行。

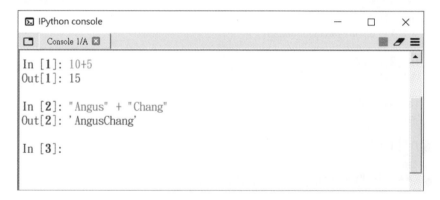

　♦ -：減法，也可以用來表示負數值。

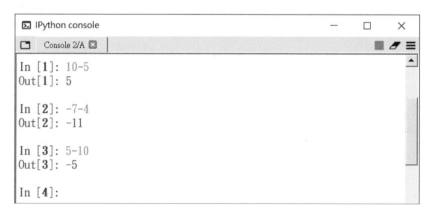

◆ *：乘法，也可以用來重複字串。

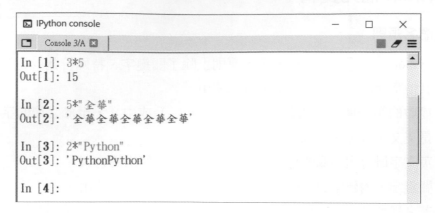

```
In [1]: 3*5
Out[1]: 15

In [2]: 5*"全華"
Out[2]: '全華全華全華全華全華'

In [3]: 2*"Python"
Out[3]: 'PythonPython'

In [4]:
```

◆ /：除法。

◆ //：整數除法，相除後只取整數部分，也就是商數。

◆ %：餘數。

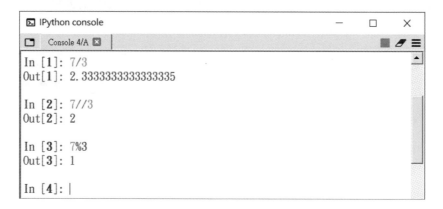

```
In [1]: 7/3
Out[1]: 2.3333333333333335

In [2]: 7//3
Out[2]: 2

In [3]: 7%3
Out[3]: 1

In [4]: |
```

◆ **：指數，就是計算次方用的。

```
In [1]: 2**10  #2的10次方
Out[1]: 1024

In [2]: 100**0.5  #100開根號
Out[2]: 10.0

In [3]: 10**-1  #10的-1次方，即十分之一
Out[3]: 0.1

In [4]: |
```

❋ 比較運算子

運算子	程式語法	說明
>	A > B	若 A 大於 B，則傳回 True，否則傳回 False。
<	A < B	若 A 小於 B，則傳回 True，否則傳回 False。
>=	A >= B	若 A 大於等於 B，則傳回 True，否則傳回 False。
<=	A <= B	若 A 小於等於 B，則傳回 True，否則傳回 False。
==	A == B	若 A 等於 B，則傳回 True，否則傳回 False。
!=	A != B	若 A 不等於 B，則傳回 True，否則傳回 False。

執行範例如下：

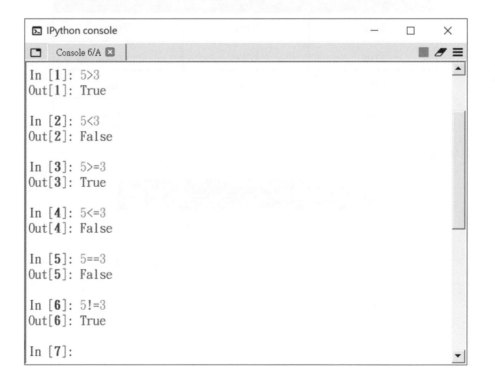

❊ 邏輯運算子

♦ and：且，當條件都成立的情況下才算成立。

A	B	A and B
True	True	True
True	False	False
False	True	False
False	False	False

♦ or：或，當條件其中一個成立的情況下就算成立。

A	B	A or B
True	True	True
True	False	True
False	True	True
False	False	False

♦ not：否定，將條件否定掉。

A	not A
True	False
False	True

執行範例如下：

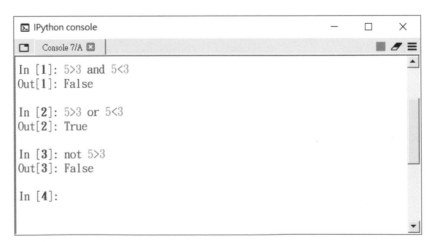

```
In [1]: 5>3 and 5<3
Out[1]: False

In [2]: 5>3 or 5<3
Out[2]: True

In [3]: not 5>3
Out[3]: False

In [4]:
```

❋ 指派運算子

我們用一張表格將常用的條列出來說明。

運算子	程式語法	說明
=	A = B	將 B 指派給 A，就是把 B 的值給了 A。
+=	A += B	等同於 A = A + B，就是將 A + B 的結果指派給 A。
-=	A -= B	等同於 A = A - B，就是將 A - B 的結果指派給 A。
*=	A *= B	等同於 A = A * B，就是將 A * B 的結果指派給 A。
/=	A /= B	等同於 A = A / B，就是將 A / B 的結果指派給 A。
//=	A //= B	等同於 A = A // B，就是將 A // B 的結果指派給 A。
%=	A %= B	等同於 A = A % B，就是將 A % B 的結果指派給 A。
**=	A **= B	等同於 A = A ** B，就是將 A ** B 的結果指派給 A。

執行範例如下：

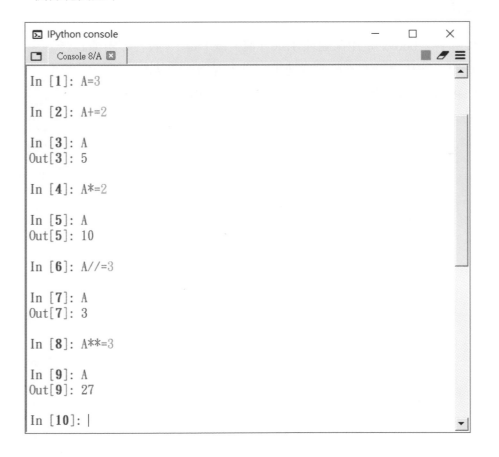

```
IPython console
Console 8/A

In [1]: A=3

In [2]: A+=2

In [3]: A
Out[3]: 5

In [4]: A*=2

In [5]: A
Out[5]: 10

In [6]: A//=3

In [7]: A
Out[7]: 3

In [8]: A**=3

In [9]: A
Out[9]: 27

In [10]:
```

▎輸出指令

❋ Python 內建 print() 可以用來輸出使用者的資料，若要知道詳細的使用方式，可以直接輸入 help(print)，就可以得到相關使用說明。

❋ 基本語法為 print(object(s), sep = 'separator', end = 'end', file = file, flush = flush)，其中

 ◆ object(s)：將需要印出的值擺放於此，若有多筆資料要同時印出，則中間用逗號隔開即可。

 ◆ sep = 'separator'：選擇性的參數。若要使用時，會在要印出的資料之間放入 separator 來分隔彼此。初始設定為空白 ' '。

 ◆ end = 'end'：選擇性的參數。若要使用時，會在要印出的資料後面加上 end 的資料。初始設定為換行 '\n'。

 ◆ file = file：選擇性的參數，用來設定輸出裝置用。初始設定為標準輸出到螢幕 sys.stdout。

 ◆ flush = flush：選擇性的參數，是一個布林數值。初始設定為 False。

▎注意事項

❋ 布林（bool）是用來處理 True（真）或 False（假）等兩種狀態。

❋ 單引號和雙引號不可混合使用，會出現錯誤的狀況。

❋ Python 沒有字元型別，請使用長度為 1 的字串來處理。

第**08**堂課

玩家移動切換
與輸出入指令

在第七堂課裡，大家已經學會了如何使用變數與串列結構，也知道一些相關該注意的地方。接著我們將在這一堂課帶各位進行一個簡單的實作。這個實作內容是讓數位版大富翁遊戲中的玩家可以透過隨機的方式來模擬擲骰子得到點數，然後進行人物的移動，並會回報移動後的玩家是停留在哪一個區塊上。

　　這些實作的程式，在我們完成第十四堂課後，將直接進行所有實作模組的整合，就可以完成最後的大富翁數位化工作了。接著，根據上面的課堂任務，我們來看看可能需要的資料結構有哪些？

* 玩家人數確定與名稱輸入
* 擲骰子的動作
* 玩家移動到的區塊的資料顯示
* 大富翁地圖 24 個區塊的名稱資料建立

　　對照第六堂課的流程步驟，我們可以發現這一堂課要執行的任務剛好是流程裡的步驟 1 到步驟 4、步驟 6、步驟 7 及步驟 13 到步驟 16。因此，我們將整個大富翁的流程步驟條列出來再重新複習一次，其中步驟 5、步驟 8 至步驟 12 標示為灰色字體，代表這些步驟不是這堂課要實作處理的部分，而粗體字的步驟才是這堂課要實作練習的部分。

⭐ 流程步驟

```
1       輸入玩家人數 n
2       每人領取 20,000 元
3       每人選取一個專屬公仔
4       i = 1
        while True:
5               印出大富翁地圖
6               擲骰子，得到點數
7               根據點數移到定位
8               # 開始（起點）模組
9               # 角落模組
10              # 機會模組
11              # 命運模組
12              # 主題區塊（美食商店）模組
13              # 破產處理
14              i = i + 1
15              if i > n:
                        i = 1
16              if 只剩一個玩家：
                        break
```

　　接下來，我們就根據步驟，將所需要的 Python 程式語言語法一一對應起來。首先，「步驟 1：輸入玩家人數 n」需要用到輸入的指令，如 8-1.py 程式說明所示：

```
play_no = eval(input(" 請輸入玩家人數："))
print(play_no)
```

eval() 的使用方式，請參考本堂課的補充資料。

8-1.py 執行結果如下：

```
In [1]: runfile('D:/ 全華圖書 /example/8-1.py', wdir='D:/ 全華圖書 /example')
      請輸入玩家人數：4
      4
In [2]: runfile('D:/ 全華圖書 /example/8-1.py', wdir='D:/ 全華圖書 /example')
      請輸入玩家人數：3
      3
```

　　接著，「步驟 2：每人領取 20,000 元」這部分則需要先思考每個人的 20,000 元要如何記錄下來。這時候，我們可以先採用上一堂課所教到的串列（list）來進行資料的記錄。因此，可以試著寫成如 8-2.py 的寫法：

```
play_no = 3 # 假設有 3 個玩家
play_money = [20000]  # 只有一個元素的串列
# 動態根據玩家數增加串列的長度
for i in range(play_no-1):
    play_money.append(20000)
print(play_money)
```

迴圈 for、範圍 range() 與附加 append() 的使用方式，請參考本堂課的補充資料。

8-2.py 執行結果如下：

```
In [1]: runfile('D:/ 全華圖書 /example/8-2.py', wdir='D:/ 全華圖書 /example')
      [20000, 20000, 20000]
```

那我們把步驟 1 與步驟 2 做個結合，也就是根據輸入的玩家人數來動態調整串列的長度，則可以合併成 8-3.py 的寫法：

```
#play_no 代表玩家人數
play_no = eval(input(" 請輸入玩家人數："))
# 初始設定只有一位玩家金額
play_money = [20000]
# 動態根據玩家數增加串列的長度到 play_no
for i in range(play_no-1):
    play_money.append(20000)
print(play_money)
```

8-3.py 執行結果如下：

```
In [1]: runfile('D:/ 全華圖書 /example/8-3.py', wdir='D:/ 全華圖書 /example')
     請輸入玩家人數：4
     [20000, 20000, 20000, 20000]
In [2]: runfile('D:/ 全華圖書 /example/8-3.py', wdir='D:/ 全華圖書 /example')
     請輸入玩家人數：3
     [20000, 20000, 20000]
In [3]: runfile('D:/ 全華圖書 /example/8-3.py', wdir='D:/ 全華圖書 /example')
     請輸入玩家人數：2
     [20000, 20000]
```

接著來看看步驟 3 如何處理？「步驟 3：每人選取一個專屬公仔」在此則先採用 A、B、C、D 等來代表玩家 1、玩家 2、玩家 3、玩家 4 的公仔符號。因此，我們一樣直接使用串列的方式來記錄玩家們的公仔符號。透過 8-4.py 來直接了解整個程式的撰寫方式，如下所示：

```
#play_no 代表玩家人數
play_no = eval(input(" 請輸入玩家人數："))
# 初始設定只有一位玩家金額
play_money = [20000]
# 動態根據玩家數增加串列的長度到 play_no
for i in range(play_no-1):
```

```
        play_money.append(20000)
print(play_money)
# 初始設定只有一位玩家公仔符號

play_name = ["A"]
# 動態根據玩家數增加串列的長度到 play_no

for i in range(1, play_no):
    if i == 1:
        play_name.append("B")
    if i == 2:
        play_name.append("C")
    if i == 3:
        play_name.append("D")
print(play_name)
```

8-4.py 執行結果如下：

```
In [1]: runfile('D:/ 全華圖書 /example/8-4.py', wdir='D:/ 全華圖書 /example')
    請輸入玩家人數：4
    [20000, 20000, 20000, 20000]
    ['A', 'B', 'C', 'D']
In [2]: runfile('D:/ 全華圖書 /example/8-4.py', wdir='D:/ 全華圖書 /example')
    請輸入玩家人數：3
    [20000, 20000, 20000]
    ['A', 'B', 'C']
```

　　完成了步驟 1 到步驟 3 後，我們可以發現，直接照著流程來進行程式撰寫，似乎是相當容易且不會出錯的。接下來，我們來看看步驟 4、步驟 13、步驟 14、步驟 15 及步驟 16 等 5 個步驟裡，如何進行玩家的切換。

　　我們來模擬一下玩家破產（步驟 13）後，「將玩家的角色刪除」這樣的動作。這時，我們先利用隨機的指令來產生一個 1 到 100 的數值，如果這個玩家隨機出來的值小於 30，則代表玩家破產，否則換下一位玩家來執行隨機的動作。下面我們先來看看 8-5.py 程式說明如下：

```
# 導入隨機模組
import random
# alive 記錄未破產的玩家編號 1, 2, 3, 4
alive = [1]
for i in range(1, 4):
    alive.append(i+1)
# 步驟 4
# 串列索引值從 0 開始
# 索引值 i = 0, 1, 2, 3 分別代表玩家 A、B、C、D
i = 0
while True:
    # 步驟 13
    # 隨機 <30 代表破產則移除，否則換下一位
    if random.randint(1,100) < 30:
        del alive[i]
    else:
        # 步驟 14
        i += 1
    print(alive)
    # 步驟 15
    if i >= len(alive):
        i = 0
    # 步驟 16
    if len(alive) == 1:
        break
```

> 導入 import 的使用方式，請參考本堂課的補充資料。

> 迴圈 while 的使用方式，請參考本堂課的補充資料。

> 隨機 random 與刪除 del 的使用方式，請參考本堂課的補充資料。

> 長度 len() 的使用方式，請參考本堂課的補充資料。

8-5.py 執行結果如下：

```
In [1]: runfile('D:/全華圖書/example/8-5.py', wdir='D:/全華圖書/example')
    [1, 2, 3, 4]
    [1, 2, 3, 4]
    [1, 2, 4]
    [1, 2, 4]
```

```
[1, 2, 4]
[1, 2, 4]
[1, 2, 4]
[1, 2, 4]
[1, 2, 4]
[1, 2]
[1, 2]
[1]
```

　　從上面的結果可以模擬出，當玩家輪到自己隨機時，若隨機到的數值小於30，則自己會從串列裡移除。這樣，我們就可以知道未來當玩家破產時，可以透過 del 指令將已破產的玩家移出遊戲。

　　到目前為止，透過流程步驟一步步完成程式設計都相當的順利且容易實作。接著，還有兩個步驟尚未分析，分別為「步驟 6：擲骰子，得到點數」與「步驟 7：根據點數移到定位」。

　　「步驟 6：擲骰子，得到點數」需要透過隨機數值的方式來模擬擲骰子得點數的動作，而「步驟 7：根據點數移到定位」則將點數值加總到玩家原來所在的位置，以得到最新所需要移動到的位置並報告所在位置的名稱。因此，「步驟 6：擲骰子，得到點數」的 8-6.py 程式模擬如下所示：

```
# 導入隨機模組
import random
# 模擬一顆骰子的點數
rand = random.randint(1,6)
# 印出隨機出來的數值
print(" 骰子點數為 ", rand)
```

8-6.py 執行結果如下：

```
In [1]: runfile('D:/ 全華圖書 /example/8-6.py', wdir='D:/ 全華圖書 /example')
    骰子點數為 2
In [2]: runfile('D:/ 全華圖書 /example/8-6.py', wdir='D:/ 全華圖書 /example')
    骰子點數為 1
In [3]: runfile('D:/ 全華圖書 /example/8-6.py', wdir='D:/ 全華圖書 /example')
    骰子點數為 6
```

「步驟 7：根據點數移到定位」的部分，則需要思考每位玩家原先所在位置的紀錄，才有辦法計算出玩家要從哪裡移動到哪裡。在這裡，我們一樣先採用串列的方式來幫每位玩家記錄目前的所在位置。因此，程式的寫法就跟之前記錄玩家有多少錢的方式是一樣的，8-7.py 程式說明如下所示：

```python
#play_no 代表玩家人數
play_no = eval(input(" 請輸入玩家人數："))
# 初始設定只有一位玩家位置在 0
play_po = [0]
# 動態根據玩家數增加串列的長度到 play_po
for i in range(play_no-1):
    play_po.append(0)
print(play_po)
```

8-7.py 執行結果如下：

```
In [1]: runfile('D:/ 全華圖書 /example/8-7.py', wdir='D:/ 全華圖書 /example')
    請輸入玩家人數：4
    [0, 0, 0, 0]
In [2]: runfile('D:/ 全華圖書 /example/8-7.py', wdir='D:/ 全華圖書 /example')
    請輸入玩家人數：3
    [0, 0, 0]
In [3]: runfile('D:/ 全華圖書 /example/8-7.py', wdir='D:/ 全華圖書 /example')
    請輸入玩家人數：2
    [0, 0]
```

同樣的，將步驟 6 與步驟 7 結合在一起的結果，整體程式實作如 8-8.py 所示：

```python
# 導入隨機模組
import random
#play_no 代表玩家人數
play_no = eval(input(" 請輸入玩家人數："))
# 初始設定只有一位玩家位置在 0
play_po = [0]
# 動態根據玩家數增加串列的長度到 play_po
for i in range(play_no-1):
```

```
        play_po.append(0)
i = 0
while True:
    input(" 按下 Enter 鍵開始隨機 ")
    # 模擬一顆骰子的點數
    rand = random.randint(1,6)
    # 印出隨機出來的數值
    print(" 骰子點數為 ", rand)
    play_po[i] += rand
    print(" 玩家 ", i+1, " 位置在 ", play_po[i])
    i += 1
    if i >= play_no:
        i = 0
```

8-8.py 執行結果如下：

```
In [1]: runfile('D:/ 全華圖書 /example/8-8.py', wdir='D:/ 全華圖書 /example')
    請輸入玩家人數：3
    按下 Enter 鍵開始隨機
    骰子點數為 2
    玩家 1 位置在 2
    按下 Enter 鍵開始隨機
    骰子點數為 5
    玩家 2 位置在 5
    按下 Enter 鍵開始隨機
    骰子點數為 1
    玩家 3 位置在 1
    按下 Enter 鍵開始隨機
    骰子點數為 3
    玩家 1 位置在 5
    按下 Enter 鍵開始隨機
    骰子點數為 5
    玩家 2 位置在 10
    按下 Enter 鍵開始隨機
```

步驟 6 與步驟 7 已完成了擲骰子並移動的動作，尚缺少回報所在位置名稱的功能。因此，我們再建立一個串列來存放 24 個區塊的名稱，好讓玩家在移動的時候可以知道自己走到哪兒了。在此，我們先來模擬將 24 個區塊名稱存在 food.txt 的文檔中，透過程式，將 24 個區塊名稱讀進來，並存放在 region 的串列裡。8-9. py 程式說明如下：

```python
# 開啟檔案 foodtxt，編碼方式為 utf-8
f = open("food.txt","r", encoding='utf-8')
# 建立一個空的串列 region
region = []
# 讀取檔案裡每一行的資料並存在 region 串列裡
for line in f:
    region.append(line)
print(region)
print()
print(" 區塊 6 的名稱為 ", region[5])
# 關閉檔案
f.close()
```

> 開檔 open() 的使用方式，請參考本堂課的補充資料。

8-9.py 執行結果如下：

```
In [1]: runfile('D:/ 全華圖書 /example/8-9.py', wdir='D:/ 全華圖書 /example')
[' 開始 \n', ' 藍蜻蜓 \n', ' 阿鋐炸雞 \n', ' 機會 \n', ' 榕樹下 \n',
' 林家 \n', ' 沒事一天 \n', ' 湯蒸火鍋 \n', ' 楊記地瓜 \n', ' 命運 \n',
' 叮哥茶飲 \n', ' 卑南包子 \n', ' 沒事三天 \n', ' 番薯伯 \n', ' 好初乾麵
\n', ' 機會 \n', ' 濟州冰舖 \n', ' 呷飽食堂 \n', ' 沒事一天 \n', ' 阜宏
燒餅 \n', ' 阿達滷味 \n', ' 命運 \n', ' 老東台 \n', ' 刘一圓堡 ']


區塊 6 的名稱為  林家
```

其中，food.txt 的檔案內容如下：

```
開始
藍蜻蜓
阿鋐炸雞
機會
榕樹下
林家
沒事一天
湯蒸火鍋
楊記地瓜
命運
叮哥茶飲
卑南包子
沒事三天
番薯伯
好初乾麵
機會
濟州冰舖
呷飽食堂
沒事一天
阜宏燒餅
阿達滷味
命運
老東台
刈一圓堡
```

最後，將前面所做的實作步驟做一個整合。「步驟 13：破產處理」的部分加
入玩家隨機增減金額 8000、0、-8000 的機制來改變玩家的金額，當金額不足就破
產退出遊戲，讓整個程式模擬起來比較有玩的感覺，並針對所有的程式碼做些許
調整，如 8-10.py 程式說明如下：

```python
# 導入隨機模組
import random
# 步驟 1
# play_no 代表玩家人數
play_no = eval(input("請輸入玩家人數："))
# 步驟 2
# 初始設定只有一位玩家金額
play_money = [20000]
# 動態根據玩家數增加串列的長度到 play_no
for i in range(play_no-1):
    play_money.append(20000)
# 步驟 3
# 初始設定只有一位玩家公仔符號
play_name = ["A"]
# 動態根據玩家數增加串列的長度到 play_no
for i in range(1, play_no):
    if i == 1:
        play_name.append("B")
    if i == 2:
        play_name.append("C")
    if i == 3:
        play_name.append("D")
# 初始設定只有一位玩家位置在 0
play_po = [0]
# 動態根據玩家數增加串列的長度到 play_po
for i in range(play_no-1):
    play_po.append(0)
# alive 記錄未破產的玩家編號 1, 2, 3, 4
alive = [1]
for i in range(2, play_no+1):
    alive.append(i)
# 開啟檔案 foodtxt，編碼方式為 utf-8
```

```
f = open("food.txt","r", encoding='utf-8')
# 建立一個空的串列 region
region = []
# 讀取檔案裡每一行的資料並存在 region 串列裡
for line in f:
    region.append(line)
# 關閉檔案
f.close()
# 步驟 4
i = 0
while True:
    print(" 玩家 ", play_name[alive[i]-1])
    input(" 按下 Enter 鍵開始隨機 ")
    # 步驟 6
    # 模擬一顆骰子的點數
    rand = random.randint(1,6)
    # 印出隨機出來的數值
    print(" 骰子點數為 ", rand)
    # 步驟 7
    play_po[alive[i]-1] += rand
    # 一圈為 24 個，超過要減 24
    if play_po[alive[i]-1] >= 24:
        play_po[alive[i]-1] -= 24
    print(" 玩家 ", i+1, " 位置在 ", play_po[alive[i]-1],
          " 美食商店名稱為 ", region[play_po[alive[i]-1]])
    # 模擬金額的增減 -8000, 0, 8000
    play_money[alive[i]-1] += random.randrange(-8000,8000,8000)
    print(" 剩下金額 ", play_money[alive[i]-1])
    # 步驟 13：破產處理
    if play_money[i] < 0:
        print(" 玩家 ", play_name[alive[i]-1], " 已破產 ")
```

```
        del alive[i]
    else:
        # 步驟 14
        i += 1
    # 步驟 15
    if i >= len(alive):
        i = 0
    # 步驟 16
    if len(alive) == 1:
        break
```

8-10.py 執行結果如下：

```
In [1]: runfile('D:/ 全華圖書 /example/8-10.py', wdir='D:/ 全華圖書 /example')
    請輸入玩家人數：4
    玩家 A
    按下 Enter 鍵開始隨機
    骰子點數為 4
    玩家 1 位置在 4 美食商店名稱為 榕樹下

    剩下金額 20000
    玩家 B
    按下 Enter 鍵開始隨機
    骰子點數為 4
    玩家 2 位置在 4 美食商店名稱為 榕樹下

    剩下金額 20000
    玩家 C
    按下 Enter 鍵開始隨機
    骰子點數為 6
    玩家 3 位置在 6 美食商店名稱為 沒事一天

    剩下金額 20000
```

```
玩家 D
按下 Enter 鍵開始隨機
骰子點數為 1
玩家 4 位置在 1 美食商店名稱為 藍蜻蜓


剩下金額 12000
玩家 A
按下 Enter 鍵開始隨機
```

　　相信各位經過這一堂課的實作後，應該變得比較有感覺了。也比較知道，原來只要照著原先設計的流程步驟，就可以根據這樣的邏輯一步一步地慢慢建構出我們的程式。當然，在過程中有程式語法不熟悉時，可以多多參考 Python 的書籍或上網尋找相關專業網站的說明。在這堂課裡，我們用了不少的串列，但是否還有更棒的結構可以使用呢？我們將在下一堂課為各位做說明。

課後練習

1. 想要知道指令的使用方式，可以用哪個指令來獲得說明呢？
2. eval() 其用途為何？
3. 動態增加串列或將不需要的串列元素移除，可以分別用哪個指令呢？
4. range(start, stop, step)，該如何解釋這指令？
5. 請描述 for 迴圈的語法。
6. 請描述 while 迴圈的語法。

⭐ Python 補充資料

▌ 輸入指令

✱ Python 內建 input() 可以用來取得使用者輸入的資料，若要知道詳細的使用方式，可以直接輸入 help(input) 就可以得到相關使用說明。

✱ 一般輸入時，輸入資料的資料型別會是「字串」，若我們需要的是數字型別，只要用 eval() 來進行轉換即可。

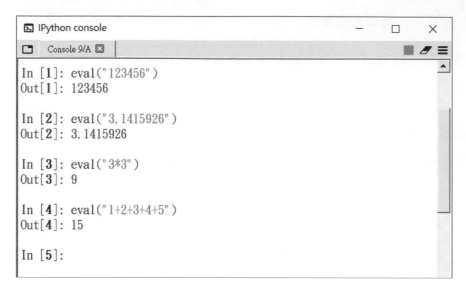

```
In [1]: eval("123456")
Out[1]: 123456

In [2]: eval("3.1415926")
Out[2]: 3.1415926

In [3]: eval("3*3")
Out[3]: 9

In [4]: eval("1+2+3+4+5")
Out[4]: 15

In [5]:
```

若同時要輸入多筆資料，資料間用空格隔開，那我們可以採用 split() 函式來處理。

```
In [1]: input().split()

1 2 3 4
Out[1]: ['1', '2', '3', '4']

In [2]: input().split()

ab cd efg hij
Out[2]: ['ab', 'cd', 'efg', 'hij']

In [3]:
```

如果要用逗號來區隔輸入的資料，則使用 split("`,`") 即可。

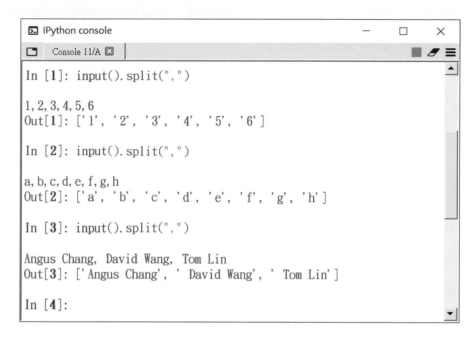

若輸入的資料是數值的話，則需要搭配 map() 函式來使用，其使用的語法為 map(func, sequence)。也就是說，定義一個 func，用這個 func 在 sequence 裡的每個元素。例如：要輸入多個整數值，則可以寫成：

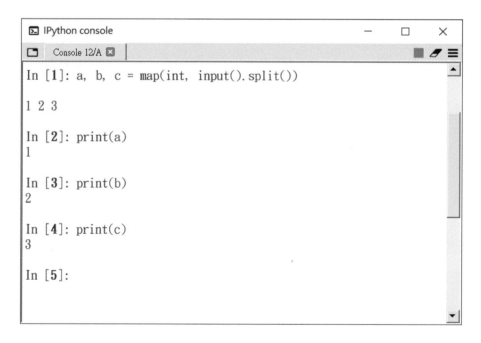

▌ 動態串列

✱ 在使用串列時，若不知道確定的串列長度，我們可以採用 append() 的方式
來動態增加串列的元素個數。

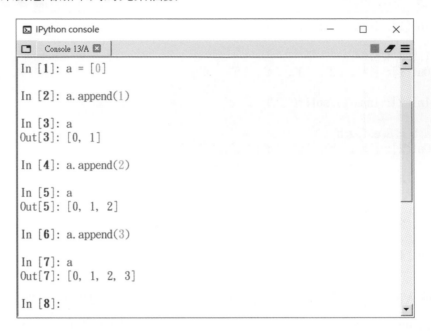

```
In [1]: a = [0]

In [2]: a.append(1)

In [3]: a
Out[3]: [0, 1]

In [4]: a.append(2)

In [5]: a
Out[5]: [0, 1, 2]

In [6]: a.append(3)

In [7]: a
Out[7]: [0, 1, 2, 3]

In [8]:
```

✱ 當我們不需要串列裡的元素資料時，可以採用 **del** 的方式，將特定位置的
元素從串列中移除。

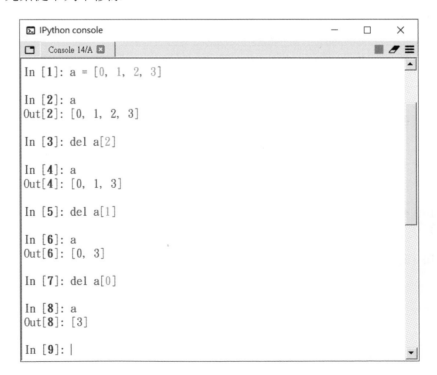

```
In [1]: a = [0, 1, 2, 3]

In [2]: a
Out[2]: [0, 1, 2, 3]

In [3]: del a[2]

In [4]: a
Out[4]: [0, 1, 3]

In [5]: del a[1]

In [6]: a
Out[6]: [0, 3]

In [7]: del a[0]

In [8]: a
Out[8]: [3]

In [9]:
```

▌for 迴圈

✲ 用來解決重複性的問題，**for** 語法有三個重點，分別為初始值、終止值及
　每次執行迴圈後控制變數的變化方式（遞增或遞減）。

✲ 常見的變化方式是透過 range() 函式來進行的，可以使用如下的方式：

　◆ range(stop)：例如 range(5) 代表初始值為 0、終止值為 5（不包含 5）、
　　遞增的方式為 1。

　◆ range(start, stop)：例如 range(1, 20) 代表初始值為 1、終止值為 20（不
　　包含 20）、遞增的方式為 1。

　◆ range(start, stop, step)：例如 range(1, 20, 3) 代表初始值為 1、終止值為
　　20（不包含 20）、遞增的方式為 3；range(20, 1, -3) 代表初始值為 20、
　　終止值為 1（不包含 1）、遞減的方式為 3。

✲ 若是使用串列來當作控制變數的變化方式，大部分都是在取出串列裡的資
　料。例如：

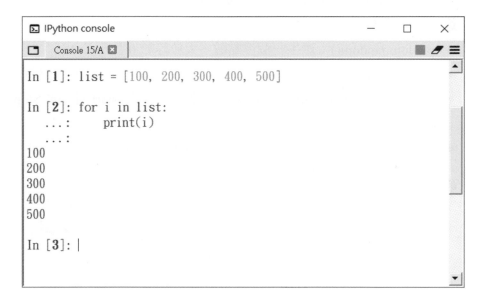

▌ import 語法

* 導入相關模組或套件到目前所要編輯的 Python 程式裡。
* 常見語法
  ◆ **import** module_name：導入所需的模組 module_name。
  ◆ **from** module_name **import** name1, name2, …：例如 **from** random **import** randint 意思就是從 random 模組裡導入 randint 的函式，如此一來，使用的時候就可以直接用 randint()，不需要再寫成 random.randint() 這麼冗長的指令了。module_name 也可以是一個定義函式或類別的 Python 檔名，而 name1、name2、……可以是該檔案裡的函式名稱或類別名稱。
  ◆ **import** module_name as new_name：把模組 module_name 改名成 new_name。

▌ 隨機模組

* 若要在程式裡產生隨機數值，則需要先導入隨機模組 **import** random。
* 隨機常用語法
  ◆ random.random()：產生一個浮點數，大於等於 0 且小於 1。
  ◆ random.randrange(stop)：產生一個大於等於 0 且小於 stop 的整數。
  ◆ random.randrange(start, stop)：產生一個大於等於 start 且小於 stop 的整數。
  ◆ random.randrange(start, stop, step)：將從 range(start, stop, step) 產生的數列中隨機選取一個整數值。

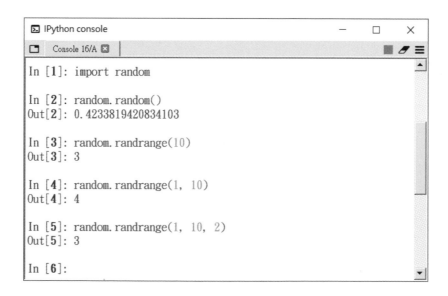

◆ random.randint(a, b)：產生一個大於等於 a 且小於等於 b 的整數。

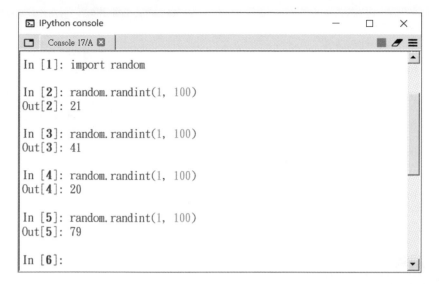

◆ random.choice(seq)：將從 seq 的串列中隨機選取一個元素出來。

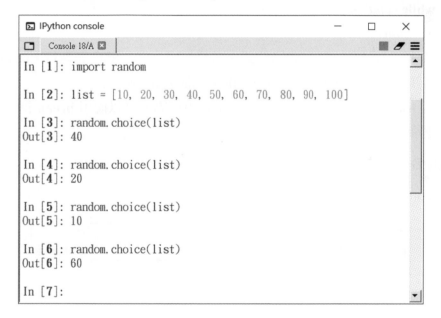

♦ random.shuffle(seq)：將 seq 的串列元素隨機重新排列。

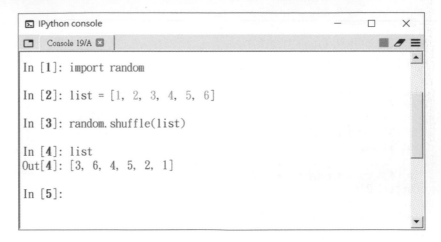

while 迴圈

❋ 基本語法：

while *condition*:

    statements

其中，condition 是一個條件式，當條件成立時，就會去執行 statements 的
各項工作。另外，請記得 condition 後面要加一個冒號（：）。

❋ 若 **while** 迴圈在執行過程中要強制跳出迴圈，可以使用 **break** 指令來跳出
迴圈。

len 指令

❋ len(str)：計算 str 的長度。

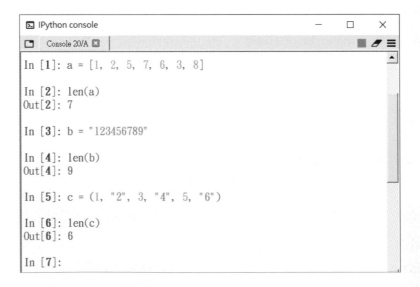

▌ 檔案讀取

原則上，檔案讀取的過程需要以下幾個步驟：

* 開啓檔案：利用 open() 函式來建立檔案的物件。通常語法是 open(file, mode)，其中 file 代表要存取的檔案，包含檔案路徑與名稱；mode 則是要存取的模式，例如："r" 代表讀取、"w" 代表寫入等。

* 讀取資料：讀取檔案資料可以採用
   ◆ read()：讀取檔案裡的內容。
   ◆ readline()：讀取檔案的一行一行資料。
   ◆ readlines()：讀取檔案所有行的資料，並以串列的方式傳回所有行裡的資料。

* 關閉檔案：當檔案讀取結束，不再使用時就需要透過 close() 來關閉檔案。

Note

第 **09** 堂課

類別與物件宣告

在第八堂課的實作裡用了大量的串列來設計使用，雖然這樣可以達到我們所要的結果，但是不是還有其他的資料結構可以讓我們用起來更有結構性或更簡潔呢？在這一堂課將說明另一種資料結構，它可以讓你把不同型別的資料彙整在同一個物件下，可以方便你隨時取用。

舉個例子，當你要設計一個名片管理系統時，會去思考名片裡有哪些資料要處理，至少會有姓名、地址、電話、公司名稱、職稱、LOGO、Email 等，我們不可能每一個都用串列的方式來記錄，因為這樣需要使用不少串列，且每次要查詢、新增、修改或刪除時，就需要對每一個串列去做處理，這樣在管理與維護上比較費力和複雜。因此，我們可以將此名片當成一個物件來看待，而這個名片物件裡會有各種不同型別的欄位來記錄同一個人的所有資料。如此一來，當我要某一個人的名片時，我只要將它的物件取出，就可以知道該名片的各項內容了。

因此，我們先來介紹一下類別與物件。**類別**（**class**）就像是物件的樣板，在這個樣板裡定義了物件的屬性（attribute）與方法（method），其中屬性是用來記錄物件的資訊，也就是變數；而方法則是用來操作物件的資訊，也就是函式。因此，建立類別的語法就是

    class *Classname*:

      statements

其中開頭的 **class** 是一個關鍵字，用來表示定義一個類別；Classname 則是你要定義的類別名稱；類別名稱後面記得要加一個冒號（：）；statements 是整個類別的主體，裡面會定義變數和函式。例如我要定義一個名稱為 Rectangle 的類別，用來表示長方形，並定義一個名稱為 getArea() 的方法來計算矩形面積，參考 9-1.py 程式說明，如下所示：

```
# 名稱為 Rectangle 的類別
class Rectangle:
    length = 10 # 長
    width = 20　 # 寬


    # 計算矩形面積
    def getArea(self):
        return self.length*self.width
# R 是 Rectangle 類別的物件
R = Rectangle()
# 印出面積
print(R.getArea())
```

> 類別與物件的使用方式，請參考本堂課的補充資料。

9-1.py 執行結果如下：

```
In [1]: runfile('D:/全華圖書/example/9-1.py', wdir='D:/全華圖書/example')
   200
```

　　在類別定義完成後，就可以根據類別來建立所需的物件。就如上面例子的 R = Rectangle() 一樣，R 是 Rectangle 類別的物件。物件 R 裡的定義長為 10、寬為 20，可以透過 getArea() 的方法，將 R 這個矩形物件的面積給計算出來。

　　那麼，物件是否像變數一樣，可以做初始化或給初始值呢？是的，在定義類別的時候，我們可以透過 Python 所提供的初始化方法（名稱為 __init__( ) ），然後在建立物件時，自動透過呼叫這個方法來對物件進行初始化的動作。而常見的初始化動作有物件屬性資料的初始值、開啓檔案、建立資料庫的連結或建立網路的連線等動作。__init__( ) 方法的參數中，第一個一定是 self，至於第二個以後的參數，就端看類別定義時的需求來制定。我們來看參考 9-2.py 的範例說明，如下所示：

```python
# 名稱為 Rectangle 的類別
class Rectangle:
    # 初始化方法，初始 length 設定 10、width 設定 20
    def __init__(self, length = 10, width = 20):
        self.length = length
        self.width = width


    # 計算矩形面積
    def getArea(self):
        return self.length*self.width
# R1 是 Rectangle 類別的物件
R1 = Rectangle()
# 印出面積，透過初始 length=10、width=20 去計算
print(R1.getArea())
# R2 是 Rectangle 類別的物件，length 設定 20、width 設定 25
R2 = Rectangle(20,25)
# 印出面積
print(R2.getArea())
```

9-2.py 執行結果如下：

```
In [1]: runfile('D:/ 全華圖書 /example/9-2.py', wdir='D:/ 全華圖書 /example')
    200
    500
```

　　在實務上，我們在進行程式設計時，類別裡的屬性與方法是不會想要讓使用者直接去存取的，以防止資料不小心被不當的修改，而造成程式的結果有誤。因此，我們將為各位介紹類別定義時的資訊安全處理方式，針對類別對應的屬性與方法進行資料隱藏的動作。在此，將為各位介紹如何建立私有成員，即私有屬性與私有方法，說明如下：

❋ 私有屬性

　　當我們需要存取相關屬性的資料時，只能透過類別所提供的方法才可以去存取所需要屬性的資料。

　　定義方式：__ 屬性名稱。

❋ 私有方法

　　當有些類別裡的方法不想讓人直接取用，則定義成私有方法，只允許類別內部的敘述可以使用存取。

　　定義方式：__ 方法名稱。

　　我們透過以下的例子，來看看如何定義與使用。我們修改之前的例子來做比較，9-3.py 的程式說明如下：

```
# 名稱為 Rectangle 的類別
class Rectangle:
    # 初始化方法，初始 length 設定 10、width 設定 20
    def __init__(self, length = 10, width = 20):
        self.__length = length
        self.__width = width

    # 計算矩形面積
    def getArea(self):
        return self.__length*self.__width
# R1 是 Rectangle 類別的物件
R1 = Rectangle()
```

```
# 印出面積,透過初始 length=10、width=20 去計算
print(R1.getArea())
# R2 是 Rectangle 類別的物件,length 設定 20、width 設定 25
R2 = Rectangle(20,25)
# 印出面積
print(R2.getArea())
```

9-3.py 執行結果如下:

```
In [1]: runfile('D:/ 全華圖書 /example/9-3.py', wdir='D:/ 全華圖書 /example')
    200
    00
```

大家會發現,9-3.py 的執行結果與 9-2.py 的執行結果是一樣的,只差在程式設計時,類別定義的屬性是否是私有的差異而已。但此時我們來試著直接存取 9-2.py 與 9-3.py 裡 R2 物件的屬性看看,看兩者的結果為何,如下所示:

9-2.py 結果

```
In [1]: runfile('D:/ 全華圖書 /example/9-2.py', wdir='D:/ 全華圖書 /example')
    200
    500
In [2]: R2.length
    20
```

9-3.py 結果

```
In [1]: runfile('D:/ 全華圖書 /example/9-3.py', wdir='D:/ 全華圖書 /example')
    200
    500

In [2]: R2.length
    Traceback (most recent call last):
    File "<ipython-input-2-269e61e39e66>", line 1, in <module>
    R2.length
AttributeError: 'Rectangle' object has no attribute 'length'
```

由上面的案例可以知道,當我們將類別屬性定義為私有的時候,就無法直接進行存取的動作,這樣麼一來,就可以降低屬性資料因被不小心修改而造成結果錯誤。

這一堂課到目前為止，已經介紹如何定義一個物件、如何設定相關欄位、如何取用相關欄位資料及如何做好資料隱藏。接下來，請各位可以進階思考在第八堂課所設計的程式，裡面用了不少的串列，是否有些串列可以集合在一起，變成以一個物件的方式來宣告使用會比較有意義呢？

　　回到第八堂課最後面的程式，可以看到有幾個串列都是使用 play_ 當開頭的，分別是玩家公仔名稱 play_name、玩家位置 play_po 及玩家金額 play_money，這三個串列都是在記錄玩家的資訊。接下來就透過這堂課所學到的類別與物件，定義一個玩家的類別來，然後利用此類別來建立玩家物件並形成一個串列，以方便存取使用。

　　首先定義一個玩家類別，然後建立一個玩家 P 的物件，並給予玩家名稱為 A，整個程式 9-4.py 如下所示：

```python
# 定義類別，名稱為 Player
class Player:
    # 初始化 money=20000、位置 po 為 0
    def __init__(self, money = 20000, po = 0):
        self.__money = money
        self.__po = po
    # 設定姓名 setName、讀取姓名 getName
    def setName(self, name):
        self.__name = name
    def getName(self):
        return self.__name
    # 設定金額 setMoney、讀取金額 getMoney
    def setMoney(self, add):
        self.__money += add
    def getMoney(self):
        return self.__money
    # 設定位置 setPo、讀取位置 getPo
    def setPo(self, move):
        self.__po += move
    def getPo(self):
        return self.__po
```

```
# 建立物件 P
P = Player()
# 假設該物件 P 的姓名為 A
P.setName("A")
# 印出物件 P 的金額、位置與姓名
print(P.getMoney(), P.getPo(), P.getName())
```

9-4.py 的執行結果如下：

```
In [1]: runfile('D:/ 全華圖書 /example/9-4.py', wdir='D:/ 全華圖書 /example')
  20000 0 A
```

　　為一位玩家建立物件並使用，看來沒有什麼問題，那在大富翁遊戲裡，一開始需要輸入玩家人數，然後才動態去建立玩家物件以形成一個玩家物件的串列。這個部分要如何實作呢？我們直接接續 9-4.py 程式，進行修改成物件串列的樣式，並呈現在 9-5.py，而 9-5.py 的流程步驟如下說明：

---

1. 玩家類別定義

2. 輸入玩家人數

3. 動態增加玩家物件到特定的串列

4. 測試印出所有玩家資料是否正確

---

* 玩家類別定義：直接採用 9-4.py 的定義內容即可。
* 輸入玩家人數：各位可以回到第八堂課所撰寫的 8-1.py 程式，其中就有說明如何完成玩家人數的輸入作業。
* 動態增加玩家物件到特定的串列：這部分可以參考 8-2.py 的程式，把串列的元素型態改成物件即可。
* 測試印出所有玩家資料是否正確：動態增加 2 位玩家，總共 3 位，並將三位玩家的姓名分別設定為 Angus、Tom 及 David。
  Player 類別定義參考 9-4.py 來示範，動態增加並設定姓名後，最後輸出三位玩家的姓名資料，結果如下：

```
In [1]: P = [Player()]
In [2]: P.append(Player())
In [3]: P.append(Player())
```

```
In [4]: P[0].setName("Angus")
In [5]: P[1].setName("Tom")
In [6]: P[2].setName("David")
In [7]: print(P[0].getName(), P[1].getName(), P[2].getName())
Out [7]: Angus Tom David
```

　　根據以上的分析說明後，我們將 4 個步驟的程式結合在一起，並輸入玩家的姓名、隨機增加玩家的金額及隨機產生擲骰子獲得點數改變玩家的位置，最後印出玩家所有的資訊確認其正確性。請參照下方的程式說明與執行結果。

9-5.py 程式說明如下：

```
# 導入隨機模組
import random
# 定義類別，名稱為 Player
class Player:
    # 初始化 money=20000、位置 po 為 0
    def __init__(self, money = 20000, po = 0):
        self.__money = money
        self.__po = po
    # 設定姓名 setName、讀取姓名 getName
    def setName(self, name):
        self.__name = name
    def getName(self):
        return self.__name
    # 設定金額 setMoney、讀取金額 getMoney
    def setMoney(self, add):
        self.__money += add
    def getMoney(self):
        return self.__money
    # 設定位置 setPo、讀取位置 getPo
    def setPo(self, move):
        self.__po += move
    def getPo(self):
```

```
                return self.__po
# 輸入玩家人數
play_no = eval(input("請輸入玩家人數："))
# 建立物件 P
P = [Player()]
# 動態增加物件到 P 串列
for i in range(1, play_no):
    P.append(Player())
# 設定玩家姓名、改變金額、改變位置
for i in range(0, play_no):
    # 改變玩家姓名 setName("姓名")
    P[i].setName(input("請輸入玩家姓名："))
    # 隨機金額累加到玩家金額 setMoney(隨機值)
    P[i].setMoney(random.randrange(-500, 500, 100))
    # 隨機點數改變玩家位置 setPo(隨機值)
    P[i].setPo(random.randint(1, 6))
# 印出結果
for i in range(0, play_no):
    print("姓名：", P[i].getName(), "金額：", P[i].getMoney(),
          "位置：", P[i].getPo())
```

9-5.py 執行結果如下：

```
In [1]: runfile('D:/全華圖書/example/9-5.py', wdir='D:/全華圖書/example')
    請輸入玩家人數：4
    請輸入玩家姓名：Angus
    請輸入玩家姓名：Tom
    請輸入玩家姓名：David
    請輸入玩家姓名：John
    姓名： Angus 金額： 19600 位置： 3
    姓名： Tom 金額： 20000 位置： 1
    姓名： David 金額： 20200 位置： 6
    姓名： John 金額： 19700 位置： 3
```

有了以上的程式結果，相信各位應該就更清楚知道，應該要如何將類別與物件的結構運用在大富翁桌遊的數位化。這樣的物件結構使用，也讓我們更清楚知道在相同主體的屬性需求時，雖然所需的型別不一樣，但我們採用物件的方式讓這些屬性的集合可以更清楚的表達出該物件的整體意義來。

　　相信各位在這一堂課的類別與物件解說與實作後，會覺得東西好像變很多，但這些都只是為了讓你設計出來的程式更結構化、更易解讀。同樣地，只要照著原先設計的流程步驟，改變一下不一樣的資料結構設定，就可以一步一步的建構出我們的程式。完成了類別與物件說明後，接下來的課程將針對流程步驟裡的每一個判斷模組，去說明其設計的方式與實作的方法。

課後練習

1. 請說明物件的使用時機。
2. 類別定義時的資訊安全處理方式，會針對類別對應的屬性與方法進行資料隱藏的動作。因此請說明建立私有成員（即私有屬性與私有方法）的用意與定義方式。

Python 補充資料

▌ 類別與物件

❋ 類別的定義是用 **class** 關鍵字當開始，下方的敘述必須向右縮排至少一個空白並對齊，這樣才可以知道這些敘述是在該 **class** 的區塊內。

❋ Python 規定類別裡所有定義的方法是以 **def** 關鍵字當開頭，而方法裡的第一個參數都必須是 self。

❋ 點運算子（.）：在存取物件的屬性與方法時，則使用點運算子來取用之。

❋ 初始化方法 __init__( )：init 前後都是連續兩個底線所組成的。

❋ 私有屬性：__ 屬性名稱，前面是連續兩個底線所組成的。

❋ 私有方法：__ 方法名稱，前面是連續兩個底線所組成的。

開始模組設計

在第六堂課到第九堂課的課程裡，已經將紙本大富翁桌遊設計出來的遊戲規則進行了一定程度的數位化。到目前為止，流程的順序已經建置完成，也說明了 Python 程式設計之變數、串列、物件、程式結構化及其他相關指令的使用，並且將這些語法與資料結構陸續應用在大富翁桌遊的流程步驟上。接著，在這一堂課裡，我們將針對流程步驟的「步驟 8：開始模組設計」進行相關的分析與設計。

　　首先，我們先來回顧大富翁桌遊地圖的現況，並在地圖上的每一個區塊給予一個編號以利接下來說明使用。

⭐ 大富翁桌遊地圖

```
玩家A：Angus   玩家B：Tom   玩家C：David   玩家D：John

休息一天      呷飽食堂    濟州冰舖    機會       好初乾麵    番薯伯      休息三天
0 0 0 0      3 5 0 0    3 5 0 0    0 0 0 0    3 5 0 0    3 5 0 0     0 0 0 0
───────────────────────────────────────────────────────────────────────────
阜宏燒餅                                                              卑南包子
4 0 0 0                 歡迎來到大富翁數位桌遊　遊戲即將開始             3 0 0 0

阿達滷味                 機會：                                        叮哥茶飲
4 0 0 0                                                              3 0 0 0

命運                    命運：                                        命運
0 0 0 0                                                              0 0 0 0

老東台                  玩 家 A      玩 家 B      玩 家 C      玩 家 D    楊記地瓜
4 0 0 0                 2 0 0 0 0    2 0 0 0 0    2 0 0 0 0    2 0 0 0 0   3 0 0 0

刈一圓堡                                                              湯蒸火鍋
4 0 0 0                >>>請玩家A按ENTER鍵擲骰子<<<                     3 0 0 0
───────────────────────────────────────────────────────────────────────────
開始         藍蜻蜓     阿鋐炸雞    機會       榕樹下      林家        休息一天
0 0 0 0      2 0 0 0    2 0 0 0    0 0 0 0    2 0 0 0    2 0 0 0     0 0 0 0
A B C D
```

圖 10-1　大富翁地圖

　　在進行數位化的過程中，我們通常會幫地圖上的每一個區塊進行地圖編號，這樣在處理時就可以直接針對地圖編號來進行資料的存取，編號的順序如下：

表 10-1　地圖區塊名稱與編號對應表

區塊名稱	地圖編號	區塊名稱	地圖編號	區塊名稱	地圖編號	區塊名稱	地圖編號
開始	0	沒事一天	6	沒事三天	12	沒事一天	18
藍蜻蜓	1	湯蒸火鍋	7	番薯伯	13	阜宏燒餅	19
阿鋐炸雞	2	楊記地瓜	8	好初乾麵	14	阿達滷味	20
機會	3	命運	9	機會	15	命運	21
榕樹下	4	叮哥茶飲	10	濟州冰舖	16	老東台	22
林家	5	卑南包子	11	呷飽食堂	17	刈一圓堡	23

　　接著，我們再來複習一次流程步驟的整個邏輯步驟順序，黑色的敘述代表是之前已經分析與設計過的步驟、灰色的敘述是尚未進行分析與設計的步驟，而黑色粗體的敘述則是這堂課要進行的部分，如下所示：

⭐ 流程步驟

1	輸入玩家人數 n
2	每人領取 20000 元
3	每人選取一個專屬公仔
4	i = 1
	while True:
5	印出大富翁地圖
6	擲骰子，得到點數
7	根據點數移到定位
8	**# 開始（起點）模組**
	if 停留在起點或經過起點：
	領取 2000 元
9	# 角落模組
10	# 機會模組
11	# 命運模組
12	# 主題區塊（美食商店）模組
13	# 破產處理
14	i = i + 1
15	if i > n:
	i = 1
16	if 只剩一個玩家：
	break

在玩大富翁紙本桌遊時，每次只要一經過或停留在「開始」的區塊，都可以跟銀行領取一個固定的金額以增加玩家可運用的資金。這部分若要進行數位化，該如何去判斷目前是否有停留或經過「開始」這個區塊呢？其實，這部分的使用方式我們在第八堂課就已經使用過了。也就是在第八堂課的流程說明中，有需要去分析什麼叫做「走一圈」，只要知道現在的點數加上去後會產生「走一圈」的情況發生，那這個時候就是經過或停留在「開始」的區塊了。此時，就是我們需要幫玩家向銀行索取 2000 元來增加未來資金的使用。

　　因此，我們來重新思考一下，何謂「走一圈」？在我們設計的大富翁桌遊中，地圖上總共有 24 個區塊，包含開始、三個角落、兩個機會、兩個命運及 16 個美食商店。請大家思考看看，當玩家 A 目前的位置在 22，隨機數值為 5，請問該如何動作？我們來看以下說明（假設開始的位置是 0）：

移動前的位置

...				A					...
20	21	22	23	0	1	2	3		

移動後的位置

...								A	...
20	21	22	23	0	1	2	3		

玩家 A 的位置會從區塊 22 移到區塊 3。但在進行位置計算時，你會得到

$$玩家 A 的位置 = 玩家 A 目前的位置 + 隨機的數值 5$$
$$= 22 + 5$$
$$= 27$$

　　算出來的數值，玩家 A 應該要停留在區塊 27，但是實際上玩家 A 移動後是停留在區塊 3。27 是計算出來的數值，但在大富翁地圖上並沒有這一個編號的區塊。我們再把原始計算與實際位置的圖做一個比較，大家可以看一下區塊數字的變化，應該就可以看出其規則所在了。

...									...
地圖編號	20	21	22	23	0	1	2	3	
計算編號	20	21	22	23	24	25	26	27	

　　上面標示出程式裡計算的數值變化與實際上地圖的編號差異，這樣是不是就更清楚知道關鍵點在哪兒了呢？關鍵點就是，當玩家走到區塊 23 要跨到區塊 24 時，其實就是來到「開始」的位置，也就是所謂的「走一圈」。這個時候，我們計算出來的數值編號一定會超過或等於 24。但是，實際上整張地圖編號是從 0 到 23 而已。因此，當計算出的數值編號大於或等於 24 的時候，我們就要幫它減掉一圈的值（也就是 24），讓它的編號值可以落在 0 到 23 之間。

　　因此，當程式判斷玩家走了一圈，位置編號也減去 24 的同時，我們就可以斷定玩家現在來到了「開始」的位置，或經過了「開始」這個區塊。也代表玩家此時需要跟銀行索取 2,000 元的可運用資金，供玩家未來買美食商店或付相關費用使用。

　　我們先來模擬一下玩家隨機擲骰子後移動的變化，並進行「走一圈」的處理，以利玩家可以一直在地圖上走動。相關程式如下模擬所示：

10-1.py 程式說明如下：

```python
# 導入隨機模組
import random
# 初始設定玩家位置在 0
play_po = 0
while True:
    input(" 按下 Enter 鍵開始隨機 ")
    # 印出玩家原先所在的位置
    print(" 玩家目前位置在 ", play_po)
    # 模擬一顆骰子的點數
    rand = random.randint(1,6)
    # 印出隨機出來的數值
    print(" 骰子點數為 ", rand)
    play_po += rand
    # 一圈為 24 個，超過要減 24
    if play_po >= 24:
        # 走一圈的意思
        play_po -= 24
    print(" 玩家移動到 ", play_po)
```

10-1.py 執行結果如下：

```
In [1]: runfile('D:/全華圖書 /example/10-1.py', wdir='D:/全華圖書 /example')
      按下 Enter 鍵開始隨機
      玩家目前位置在 0
      骰子點數為 4
      玩家移動到 4
      按下 Enter 鍵開始隨機
      玩家目前位置在 4
      骰子點數為 5
      玩家移動到 9
      按下 Enter 鍵開始隨機
      玩家目前位置在 9
      骰子點數為 6
      玩家移動到 15
      按下 Enter 鍵開始隨機
      玩家目前位置在 15
      骰子點數為 3
      玩家移動到 18
      按下 Enter 鍵開始隨機
      玩家目前位置在 18
      骰子點數為 6
      玩家移動到 0
      按下 Enter 鍵開始隨機
      玩家目前位置在 0
      骰子點數為 3
      玩家移動到 3
      按下 Enter 鍵開始隨機
```

　　完成了玩家「走一圈」的處理後，接下來我們將針對「走一圈」的情況發生時，就代表玩家走到「開始」的位置，或經過「開始」的區塊，這時候我們就需要幫玩家將擁有的金額增加 2,000 元。因此，整個程式的模擬如下：

10-2.py 程式說明如下：

```python
# 導入隨機模組
import random
# 初始設定玩家位置在 0
play_po = 0
# 初始設定玩家金額為 20000
play_money = 20000
while True:
    input(" 按下 Enter 鍵開始隨機 ")
    # 模擬一顆骰子的點數
    rand = random.randint(1,6)
    # 印出隨機出來的數值
    print(" 骰子點數為 ", rand)
    play_po += rand
    # 一圈為 24 個，超過要減 24
    if play_po >= 24:
        # 走一圈的意思
        play_po -= 24
        # 經過或停留在開始，所以增加 2000
        play_money += 2000
    print(" 玩家移動到 ", play_po, "  玩家資金為 ", play_money)
```

10-2.py 執行結果如下：

```
In [1]: runfile('D:/ 全華圖書 /example/10-2.py', wdir='D:/ 全華圖書 /example')
    按下 Enter 鍵開始隨機
    骰子點數為 2
    玩家移動到 2    玩家資金為 20000
    按下 Enter 鍵開始隨機
    骰子點數為 2
    玩家移動到 4    玩家資金為 20000
    按下 Enter 鍵開始隨機
    骰子點數為 1
```

玩家移動到 5   玩家資金為 20000

按下 Enter 鍵開始隨機

骰子點數為 5

玩家移動到 10   玩家資金為 20000

按下 Enter 鍵開始隨機

骰子點數為 2

玩家移動到 12   玩家資金為 20000

按下 Enter 鍵開始隨機

骰子點數為 3

玩家移動到 15   玩家資金為 20000

按下 Enter 鍵開始隨機

骰子點數為 5

玩家移動到 20   玩家資金為 20000

按下 Enter 鍵開始隨機

骰子點數為 5

玩家移動到 1   玩家資金為 22000

按下 Enter 鍵開始隨機

骰子點數為 5

玩家移動到 6   玩家資金為 22000

按下 Enter 鍵開始隨機

有了 10-2.py 的程式後，相信各位已經知道「走一圈」的意思，也清楚了解在數位化的過程中如何去實現「走一圈」，並確實停留在正確的位置上。

在這一堂課，我們完成了「開始」模組的設計，讓玩家可以在經過「開始」或停留在「開始」這個區塊時，獲得銀行給予的 2,000 元。在接下來課堂上，會陸續完成其他模組的設計，讓數位化桌遊慢慢的實現並完成。

課後練習

1. 在程式設計的過程中，對於一系列連續的資料，我們常用串列的方式去進行設計。請問這樣的好處是什麼？

2. 在遊戲中，常會是玩家根據骰子點數在地圖上走動。請問如何去判斷玩家已經走了一圈？（請舉例說明）

Python 補充資料

設計技巧

✱ 寫程式時，需要多花點時間去找尋規則。找到步驟間的變化狀況，就可以
輕易地將它規則化，如此就更容易完成程式邏輯。

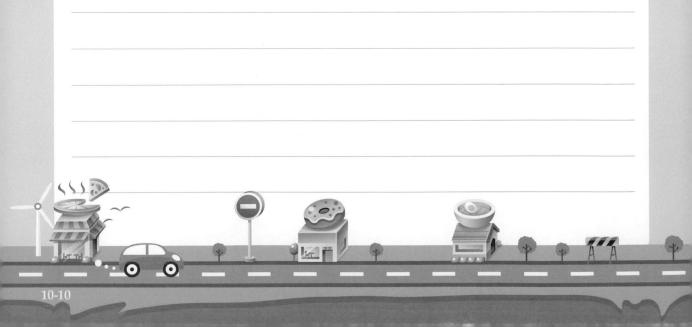

第 **11** 堂課

角落模組設計

Lv2

大富翁桌遊地圖有四個角落要個別處理，在第十堂課的課程已經完成了最起始的「開始」這個區塊所有的可能設計，剩下三個角落區塊問題，我們將在這一堂課一次分析與設計完成。同樣地，我們先來回顧流程步驟的部分，來瞭解這堂課所要進行的部分是在整個數位化流程的哪一部分。流程步驟的整個邏輯步驟順序，黑色的敘述代表是之前已經分析與設計過的步驟、灰色的敘述是尚未進行分析與設計的步驟，而黑色粗體的敘述則是這堂課要進行的部分，如下所示：

⭐ 流程步驟

1	輸入玩家人數 n
2	每人領取 20000 元
3	每人選取一個專屬公仔
4	i = 1
	while True:
5	印出大富翁地圖
6	擲骰子，得到點數
7	根據點數移到定位
8	# 開始（起點）模組
9	**# 角落模組**
	if 停留在休息一天或三天：
	美食商店沒有營業
10	# 機會模組
11	# 命運模組
12	# 主題區塊（美食商店）模組
13	# 破產處理
14	i = i + 1
15	if i > n:
	i = 1
16	if 只剩一個玩家：
	break

在「步驟 9：角落模組」裡，我們來看看當初大富翁桌遊的初始設計是如何定義這三個角落的內容：

大富翁地圖的四個角落分別為開始、休息一天、休息三天及休息一天等，當玩家停留在休息一天或休息三天的位置時，不可以向其他人收取購買美食的費用。

就上面的敘述來看，當我們移動到角落時，不是休息一天就是休息三天，也就是除了下一輪或下三輪你都不能擲骰子外，當其他玩家移動到你的美食商店時，你也不能向對方收取美食費用。

完成了定義的回顧，也清楚知道其後續的判斷後，先來分析何謂移動到這三個角落之一呢？還記得這三個角落的地圖編號嗎？如下表格的粗體標示。

表 11-1　地圖區塊名稱與編號對應表

區塊名稱	地圖編號	區塊名稱	地圖編號	區塊名稱	地圖編號	區塊名稱	地圖編號
開始	0	**沒事一天**	**6**	**沒事三天**	**12**	**沒事一天**	**18**
藍蜻蜓	1	湯蒸火鍋	7	番薯伯	13	阜宏燒餅	19
阿鋐炸雞	2	楊記地瓜	8	好初乾麵	14	阿達滷味	20
機會	3	命運	9	機會	15	命運	21
榕樹下	4	叮哥茶飲	10	濟州冰舖	16	老東台	22
林家	5	卑南包子	11	呷飽食堂	17	刈一圓堡	23

意思就是說：當玩家擲完骰子後，根據點數移動到定位，這時我們就可以去判定，如果該位置的地圖編號為 6 或 18 時，代表玩家停留在「休息一天」的區塊上；如果該位置的地圖編號為 12 時，則代表玩家停留在「休息三天」的區塊上。這樣大家應該很清楚了，只要根據玩家的位置編號，就可以知道玩家所停留的區塊，並做出適當的後續動作。

根據上面的分析，我們來模擬一下玩家位置的移動，並判斷是否停留在地圖編號為 6、12 或 18 上面。

11-1.py 程式說明如下：

```python
# 導入隨機模組
import random
# 初始設定玩家位置在 0
play_po = 0
while True:
```

```python
input(" 按下 Enter 鍵開始隨機 ")
# 印出玩家原先所在的位置
print(" 玩家目前位置在 ", play_po)
# 模擬一顆骰子的點數
rand = random.randint(1,6)
# 印出隨機出來的數值
print(" 骰子點數為 ", rand)
play_po += rand
# 一圈為 24 個，超過要減 24
if play_po == 6 or play_po == 18:
    # 在休息一天的區塊
    print(" 玩家休息一天 ")
if play_po == 12:
    # 在休息三天的區塊
    print(" 玩家休息三天 ")
if play_po >= 24:
    play_po -= 24
print(" 玩家移動到 ", play_po)
```

11-1.py 執行結果如下：

```
In [1]: runfile('D:/ 全華圖書 /example/11-1.py', wdir='D:/ 全華圖書 /example')
  ⟨
  按下 Enter 鍵開始隨機
  玩家目前位置在  3
  骰子點數為  3
  玩家休息一天
  玩家移動到  6
  ⟨
  按下 Enter 鍵開始隨機
  玩家目前位置在  22
  骰子點數為  2
  玩家移動到  0
```

```
按下 Enter 鍵開始隨機

玩家目前位置在  0

骰子點數為  6

玩家休息一天

玩家移動到  6

按下 Enter 鍵開始隨機

玩家目前位置在  6

骰子點數為  6

玩家休息三天

玩家移動到  12

按下 Enter 鍵開始隨機

玩家目前位置在  12

骰子點數為  1

玩家移動到  13

按下 Enter 鍵開始隨機

玩家目前位置在  13

骰子點數為  5

玩家休息一天

玩家移動到  18

按下 Enter 鍵開始隨機
```

透過以上範例，相信各位已經懂得如何利用玩家的位置來判斷實際區塊的意義。接下來大家可能有個疑問，就是如果我停留在角落的位置，要如何知道我到底休息了幾天，下一輪輪到我時，是否可以擲骰子繼續往前走了呢？沒錯，此時我們需要有一個資料去記錄目前每位玩家是否有被迫休息的狀況，以及還需要被迫休息幾天。還記得在第九堂課，我們有幫玩家定義 Player 的類別嗎？我們來複習一下當初類別的定義內容，如下所示：

```
# 定義類別，名稱為 Player
class Player:
    # 初始化 money=20000、位置 po 為 0
    def __init__(self, money = 20000, po = 0):
        self.__money = money
```

```
        self.__po = po
    # 設定姓名 setName、讀取姓名 getName
    def setName(self, name):
        self.__name = name
    def getName(self):
        return self.__name
    # 設定金額 setMoney、讀取金額 getMoney
    def setMoney(self, add):
        self.__money += add
    def getMoney(self):
        return self.__money
    # 設定位置 setPo、讀取位置 getPo
    def setPo(self, move):
        self.__po += move
    def getPo(self):
        return self.__po
```

在上面的 Player 類別定義中，定義了玩家公仔姓名、玩家金額及玩家位置等這三項屬性。此時，若想要記錄玩家是否需要被迫休息，則可以多增加一個屬性被迫休息天數 rest_day，當 rest_day 的值為 0 時，代表不用休息，可以擲骰子繼續玩、繼續前進；當 rest_day 的值為 1 時，代表還需要休息一天才可以擲骰子繼續玩、繼續前進；當 rest_day 的值為 2 時，代表還需要休息兩天才可以擲骰子繼續玩、繼續前進；當 rest_day 的值為 3 時，代表還需要休息三天才可以擲骰子繼續玩、繼續前進。有了這一個屬性來記錄還需要休息的天數，就可以很容易判斷出玩家是否可以擲骰子，還是需要跳過換下一位玩家。

根據上面的描述，將 Player 的類別修改，並模擬玩家遇到被迫休息時，程式要如何執行並切換玩家。

11-2.py 程式說明如下：

```
# 定義類別，名稱為 Player
class Player:
    # 初始化 money=20000、位置 po 為 0
    def __init__(self, money = 20000, po = 0):
```

```python
        self.__money = money
        self.__po = po
    # 設定姓名 setName、讀取姓名 getName
    def setName(self, name):
        self.__name = name
    def getName(self):
        return self.__name
    # 設定金額 setMoney、讀取金額 getMoney
    def setMoney(self, add):
        self.__money += add
    def getMoney(self):
        return self.__money
    # 設定位置 setPo、讀取位置 getPo
    def setPo(self, move):
        self.__po += move
    def getPo(self):
        return self.__po
    # 設定被迫休息 setRest_day、讀取被迫休息 getRest_day
    def setRest_day(self, day):
        self.__rest_day = day
    def getRest_day(self):
        return self.__rest_day
# 輸入玩家人數
play_no = eval(input("請輸入玩家人數："))
# 建立物件 P
P = [Player()]
# 動態增加物件到 P 串列
for i in range(1, play_no):
    P.append(Player())
for i in range(0, play_no):
    # 改變玩家姓名 setName("姓名")
    P[i].setName(input("請輸入玩家姓名："))
```

```python
        # 設定被迫休息為 0
        P[i].setRest_day(0)
# 假設第二位玩家的被迫天數變為 3
P[1].setRest_day(3)
# i 為玩家索引值，0 第一位、1 第二位
i = 0
while True:
    input(" 請按 Enter")
    print(" 玩家 ", P[i].getName())
    # 當玩家被迫休息天數 >0，則不能做任何事，並減去一天
    if P[i].getRest_day() > 0:
        P[i].setRest_day(P[i].getRest_day()-1)
        print(" 休息中，換下一位 ")
    else:
        print(" 擲完骰子 ")
    i = i + 1
    if i >= 2:
        i = i - 2
```

11-2.py 執行結果如下：

```
In [1]: runfile('D:/ 全華圖書 /example/11-2.py', wdir='D:/ 全華圖書 /example')
    請輸入玩家人數：2
    請輸入玩家姓名：Angus
    請輸入玩家姓名：Tom
    請按 Enter
    玩家 Angus
    擲完骰子
    請按 Enter
    玩家 Tom
    休息中，換下一位
    請按 Enter
    玩家 Angus
```

擲完骰子

請按 Enter

玩家 Tom

休息中，換下一位

請按 Enter

玩家 Angus

擲完骰子

請按 Enter

玩家 Tom

休息中，換下一位

請按 Enter

玩家 Angus

擲完骰子

請按 Enter

玩家 Tom

擲完骰子

請按 Enter

　　上面的模擬可以看出，一開始 Tom 被迫休息三天，三次的骰子都不能擲，等到被迫休息天數為 0 後，Tom 就可以開始擲骰子進行遊戲了。

　　在這一堂課，「角落」模組的設計已經完成，各位應該都學會了如何判斷玩家移動後，停留的位置是何種區塊類型，也知道當玩家被迫休息時，如何去判斷是否已經完成休息的天數。各位應該也發現到，課程進行到現在，很多不容易數位化的地方，只要利用一些小技巧，就可以幫我們進行所需要的判斷。在接下來的課程，將繼續帶領各位完成機會與命運牌卡的設計與使用。

課後練習

1. 請描述單向 if、雙向 if、多向 if 及巢狀 if 的使用方式，並畫出其對應的流程圖。

2. 假設有一個數學函數 $f(x) = \begin{cases} 0.6 & if & x > 50 \\ 0.8 & if & 30 < x \le 50 \\ 1 & if & x \le 30 \end{cases}$ ，當使用者輸入不同的 x，

   則程式會輸出不同的 f 值。例如：

   如果輸入 x = 5，則輸出 f = 1；

   如果輸入 x = 32，則輸出 f = 0.8。

   請繪製出數學函數 f(x) 所對應的巢狀 if 流程圖。

⭐ Python 補充資料

▌ if 判斷

* 在第六堂課曾介紹過判斷結構，各位可以複習一下判斷結構的使用方式與程式語法的對應。

* 單向 **if** 的語法：

if 條件式：

　　　　敘述指令

條件式後面記得要加上冒號（：），敘述指令的部分記得要內縮哦！

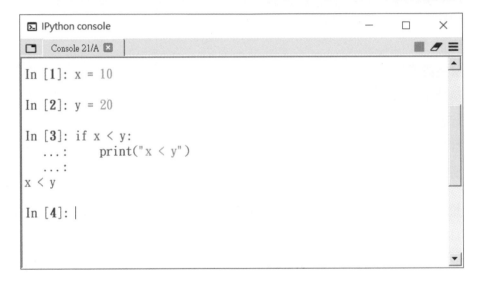

* 雙向 **if** 的語法：

if 條件式：

　　　　敘述指令

else:

　　　　敘述指令

其中，**else** 後面記得要加上冒號（：）。

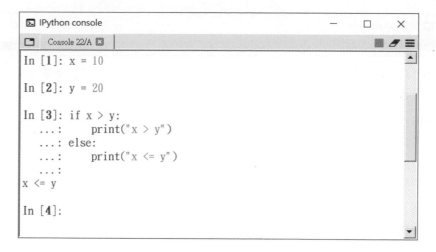

❋ 多向 **if** … **elif** … **else** 的語法：

if 條件式 1:

　　　敘述指令

elif 條件式 2:

　　　敘述指令

elif 條件式 3:

　　　敘述指令

…

else:

　　　敘述指令

記得每個條件式後面都要有冒號（：）。

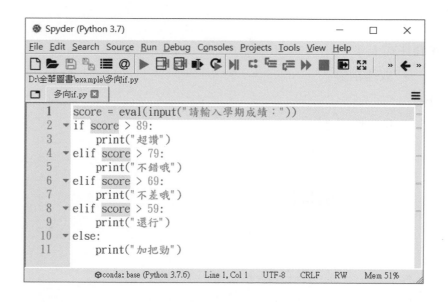

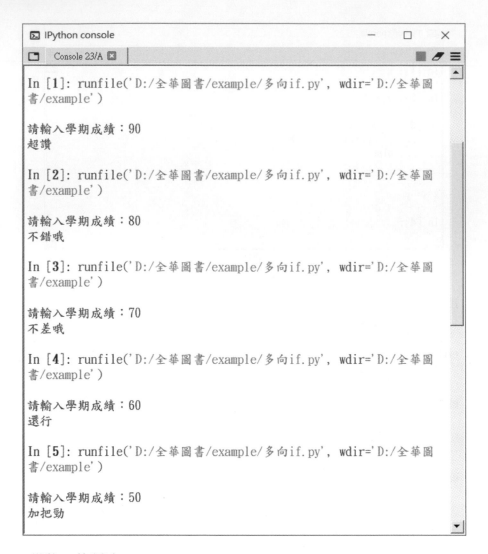

* 巢狀 **if** 的語法：

if 條件式 1:

　　　敘述指令

else:

　　　if 條件式 2:

　　　　　敘述指令

　　　else:

　　　　　敘述指令

　　　　　…

　　條件式的敘述常會使用到「且」、「或」這樣的邏輯運算子，此時只要用英文的 **and** 和 **or** 就可以進行運作了。

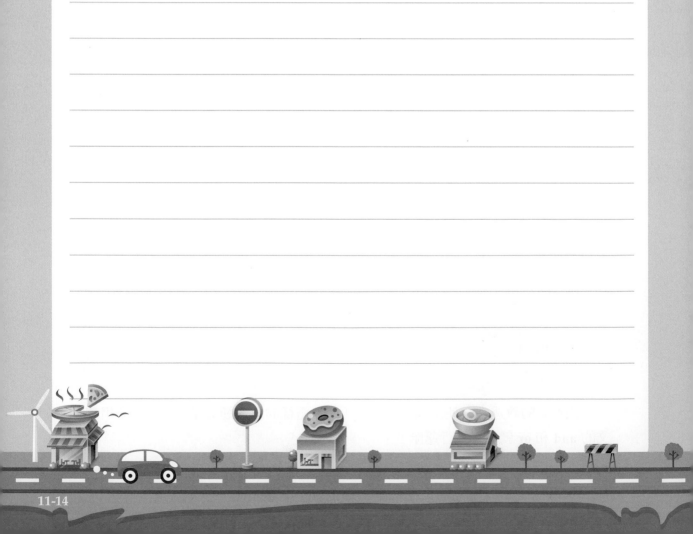

第 **12** 堂課

機會與命運模組設計

在整個大富翁桌遊地圖裡，前面的兩堂課已經完成了四個角落的分析、判斷與設計實作。目前，機會、命運與美食商店的區塊還沒有進行設計。在這堂課裡，將針對機會與命運這兩個模組進行分析與設計，讓數位版的桌遊可以隨機翻取機會卡或命運卡，並執行卡片中的動作。同樣地，我們先來看看這堂課要完成的步驟是在整體流程步驟的哪個部分，其中流程步驟的整個邏輯步驟順序，黑色的敘述代表是之前已經分析與設計過的步驟、灰色的敘述是尚未進行分析與設計的步驟，而黑色粗體的敘述則是這堂課要進行的部分，如下所示：

⭐ 流程步驟

```
1       輸入玩家人數 n

2       每人領取 20000 元

3       每人選取一個專屬公仔

4       i = 1

        while True:

5               印出大富翁地圖

6               擲骰子，得到點數

7               根據點數移到定位

8               # 開始（起點）模組

9               # 角落模組

10              # 機會模組

                if 停留在機會：

                        抽一張機會卡並動作

11              # 命運模組

                if 停留在命運：

                        抽一張命運卡並動作

12              # 主題區塊（美食商店）模組

13              # 破產處理

14              i = i + 1

15              if i > n:

                        i = 1

16              if 只剩一個玩家：

                        break
```

我們先來看「步驟 10：機會模組」與「步驟 11：命運模組」當初在大富翁桌遊初始設計時的定義內容，如下所示：

機會模組：設計 5 張機會卡，內容如下：

❋ 路上撿到 100 元
❋ 統一發票中六獎，獲得 200 元
❋ 路邊停車，繳納停車費 100 元
❋ 機車沒油，加油支付 200 元
❋ 比賽獲得第一名，獎金 500 元

命運模組：設計 5 張大好或大壞的命運卡，內容如下：

❋ 比賽獲得獎金 2,000 元
❋ 刮中刮刮卡，獲得 1,000 元
❋ 意外受傷，醫藥費支付 1,000 元
❋ 汽車沒油，加油支付 2,000 元
❋ 開發新產品，獲得權利金 5,000 元

就上面的敘述來看，當我們移動到機會或命運的區塊時，就直接翻一張機會卡或命運卡，並執行卡片的內容。

我們先來思考一下，機會卡 5 張及命運卡 5 張，這樣的資訊要如何記錄會比較方便使用？當我們翻開一張卡片時，我們會如何呈現相關資訊給玩家看？應該會在遊戲的畫面上顯示卡片裡的文字內容，然後再進行相關金額的增加或減少的計算。因此，依照這樣的需求，可以將機會卡與命運卡個別用類別物件的結構來處理。也就是說，可以把機會卡與命運卡定義的類別如下所示：

▌ 機會類別

```
# 定義機會類別，名稱為 Chance
class Chance:
    # 初始化 description = "Chance"、money 為 0
    def __init__(self, description = "Chance", money = 0):
        self.__description = description
        self.__money = money
    # 設定描述 setDescription、讀取描述 getDescription
    def setDescription(self, description):
        self.__description = description
```

```python
    def getDescription(self):
        return self.__description
    # 設定金額 setMoney、讀取金額 getMoney
    def setMoney(self, money):
        self.__money = money
    def getMoney(self):
        return self.__money
```

▌命運類別

```python
# 定義命運類別，名稱為 Fortune
class Fortune:
    # 初始化 description = "Fortune"、money 為 0
    def __init__(self, description = "Fortune", money = 0):
        self.__description = description
        self.__money = money
    # 設定描述 setDescription、讀取描述 getDescription
    def setDescription(self, description):
        self.__description = description
    def getDescription(self):
        return self.__description
    # 設定金額 setMoney、讀取金額 getMoney
    def setMoney(self, money):
        self.__money = money
    def getMoney(self):
        return self.__money
```

　　有了以上兩個類別的定義後，將機會卡 5 張與命運卡 5 張分別透過外部檔案的方式讀取資料進來，並存在機會的物件與命運的物件裡，最後再印出所有的資訊以確定資料讀取的正確性。模擬的 12-1.py 程式說明如下：

```python
# 導入 csv 模組
import csv
```

> csv 的使用方式，請參考本堂課的補充資料。

```python
# 定義機會類別，名稱為 Chance
class Chance:
    # 初始化 description = "Chance"、money 為 0
    def __init__(self, description = "Chance", money = 0):
        self.__description = description
        self.__money = money
    # 設定描述 setDescription、讀取描述 getDescription
    def setDescription(self, description):
        self.__description = description
    def getDescription(self):
        return self.__description
    # 設定金額 setMoney、讀取金額 getMoney
    def setMoney(self, money):
        self.__money = money
    def getMoney(self):
        return self.__money

# 定義命運類別，名稱為 Fortune
class Fortune:
    # 初始化 description = "Fortune"、money 為 0
    def __init__(self, description = "Fortune", money = 0):
        self.__description = description
        self.__money = money
    # 設定描述 setDescription、讀取描述 getDescription
    def setDescription(self, description):
        self.__description = description
    def getDescription(self):
        return self.__description
    # 設定金額 setMoney、讀取金額 getMoney
    def setMoney(self, money):
        self.__money = money
```

```python
    def getMoney(self):
        return self.__money
# 建立機會物件串列 Ch
Ch = [Chance(), Chance(), Chance(), Chance(), Chance()]
# 開啟 csv 檔，編碼方式為 utf8
with open('chance.csv', newline='', encoding='utf-8') as csvfile:
    # 將整個檔案資料讀進來放在 rows 裡
    rows = csv.DictReader(csvfile)
    i = 0
    # 將欄位名稱為 Description 和 Money 分開存放
    for data in rows:
        Ch[i].setDescription(data['Description'])
        Ch[i].setMoney(eval(data['Money']))
        i = i + 1
# 印出讀取並放入 Ch 物件串列的結果
for i in range(0,5):
    print(Ch[i].getDescription(), Ch[i].getMoney())
# 建立命運物件串列 Ch
Fo = [Fortune(), Fortune(), Fortune(), Fortune(), Fortune()]
# 開啟 csv 檔，編碼方式為 utf8
with open('fortune.csv', newline='', encoding='utf-8') as csvfile:
    # 將整個檔案資料讀進來放在 rows 裡
    rows = csv.DictReader(csvfile)
    i = 0
    # 將欄位名稱為 Description 和 Money 分開存放
    for data in rows:
        Fo[i].setDescription(data['Description'])
        Fo[i].setMoney(eval(data['Money']))
        i = i + 1
# 印出讀取並放入 Fo 物件串列的結果
for i in range(0,5):
    print(Fo[i].getDescription(), Fo[i].getMoney())
```

其中，機會卡與命運卡的資料是分別存放在 chance.csv 和 fortune.csv，如下所示：

chance.csv 內容

```
Description,Money
走在路上撿到１００元,100
發票中獎獲得２００元,200
繳路邊停車費１００元,-100
機車加油支付２００元,-200
獲第三名獎金５００元,500
```

fortune.csv 內容

```
Description,Money
第一名獲得獎金２０００元,2000
中刮刮卡，獲得１０００元,1000
受傷支付醫藥費１０００元,-1000
汽機車加油支付２０００元,-2000
產品權利金獲得５０００元,5000
```

12-1.py 執行結果如下：

```
In [1]: runfile('D:/ 全華圖書 /example/12-1.py', wdir='D:/ 全華圖書 /example')
      路上撿到 100 元 100
      統一發票中六獎，獲得 200 元 200
      路邊停車，繳納停車費 100 元 -100
      機車沒油，加油支付 200 元 -200
      比賽獲得第一名，獎金 500 元 500
      比賽獲得獎金 2000 元 2000
      刮中刮刮卡，獲得 1000 元 1000
      意外受傷，醫藥費支付 1000 元 -1000
      汽車沒油，加油支付 2000 元 -2000
      開發新產品，獲得權利金 5000 元 5000
```

完成機會與命運類別的定義後，也模擬了讀取機會卡與命運卡的所有資料，並確認資料的讀取都正確。接下來，我們要來思考在大富翁地圖上，走到哪些位置要翻機會卡？走到哪些位置要翻命運卡？同樣地，參考之前所整理的地圖編號（如下表格的粗體標示），可以知道機會的區塊分別是地圖編號 3 和 15；命運的區塊分別是地圖編號 9 和 21。

區塊名稱	地圖編號	區塊名稱	地圖編號	區塊名稱	地圖編號	區塊名稱	地圖編號
開始	0	沒事一天	6	沒事三天	12	沒事一天	18
藍蜻蜓	1	湯蒸火鍋	7	番薯伯	13	阜宏燒餅	19
阿鋐炸雞	2	楊記地瓜	8	好初乾麵	14	阿達滷味	20
機會	**3**	**命運**	**9**	**機會**	**15**	**命運**	**21**
榕樹下	4	叮哥茶飲	10	濟州冰舖	16	老東台	22
林家	5	卑南包子	11	呷飽食堂	17	刘一圓堡	23

意思就是說，當玩家擲完骰子後，根據點數移動到定位，這時我們就可以去判定，如果該位置的地圖編號為 3 或 15 時，則代表玩家停留在「機會」的區塊上；如果該位置的地圖編號為 9 或 21 時，則代表玩家停留在「命運」的區塊上。接著，我們再根據隨機的方式選取一張卡片來執行即可。

根據上面的分析，我們來模擬一下玩家位置的移動，若停留在「機會」的位置（地圖編號為 3 或 15），則去隨機翻取一張機會卡牌；若停留在「命運」的位置，則去隨機翻取一張命運卡片（地圖編號為 9 或 21）。

12-2.py 程式說明如下：

```python
# 導入 csv 模組
import csv
# 導入隨機模組
import random
# 定義機會類別，名稱為 Chance
class Chance:
    # 初始化 description = "Chance"、money 為 0
    def __init__(self, description = "Chance", money = 0):
        self.__description = description
        self.__money = money
```

```
    # 設定描述 setDescription、讀取描述 getDescription
    def setDescription(self, description):
        self.__description = description
    def getDescription(self):
        return self.__description
    # 設定金額 setMoney、讀取金額 getMoney
    def setMoney(self, money):
        self.__moncy = money
    def getMoney(self):
        return self.__money
# 定義命運類別，名稱為 Fortune
class Fortune:
    # 初始化 description = "Fortune"、money 為 0
    def __init__(self, description = "Fortune", money = 0):
        self.__description = description
        self.__money = money
    # 設定描述 setDescription、讀取描述 getDescription
    def setDescription(self, description):
        self.__description = description
    def getDescription(self):
        return self.__description
    # 設定金額 setMoney、讀取金額 getMoney
    def setMoney(self, money):
        self.__money = money
    def getMoney(self):
        return self.__money
# 建立機會物件串列 Ch
Ch = [Chance(), Chance(), Chance(), Chance(), Chance()]
# 開啟 csv 檔，編碼方式為 utf8
with open('chance.csv', newline='', encoding='utf-8') as csvfile:
    # 將整個檔案資料讀進來放在 rows 裡
    rows = csv.DictReader(csvfile)
```

```
    i = 0
    # 將欄位名稱為 Description 和 Money 分開存放
    for data in rows:
        Ch[i].setDescription(data['Description'])
        Ch[i].setMoney(eval(data['Money']))
        i = i + 1
# 建立命運物件串列 Ch
Fo = [Fortune(), Fortune(), Fortune(), Fortune(), Fortune()]
# 開啟 csv 檔，編碼方式為 utf8
with open('fortune.csv', newline='', encoding='utf-8') as csvfile:
    # 將整個檔案資料讀進來放在 rows 裡
    rows = csv.DictReader(csvfile)
    i = 0
    # 將欄位名稱為 Description 和 Money 分開存放
    for data in rows:
        Fo[i].setDescription(data['Description'])
        Fo[i].setMoney(eval(data['Money']))
        i = i + 1
# 玩家位置
play_po = 0
while True:
    input(" 按下 Enter 鍵開始隨機 ")
    # 印出玩家原先所在的位置
    print(" 玩家目前位置在 ", play_po)
    # 模擬一顆骰子的點數
    rand = random.randint(1,6)
    # 印出隨機出來的數值
    print(" 骰子點數為 ", rand)
    play_po += rand
    # 一圈 24，超過則要減去 24
    if play_po >= 24:
        play_po -= 24
```

```python
        print(" 玩家移動到 ", play_po)
        # 機會模組
        if play_po == 3 or play_po == 15:
            # 隨機一張機會卡
            rand = random.randint(0,4)
            print(" 機會卡：", Ch[rand].getDescription(),
                Ch[rand].getMoney())
        # 命運模組
        if play_po == 9 or play_po == 21:
            # 隨機一張命運卡
            rand = random.randint(0,4)
            print(" 命運卡：", Fo[rand].getDescription(),
                Fo[rand].getMoney())
```

12-2.py 執行結果如下：

```
In [1]: runfile('D:/ 全華圖書 /example/12-2.py', wdir='D:/ 全華圖書 /example')
    按下 Enter 鍵開始隨機
    玩家目前位置在 0
    骰子點數為 5
    玩家移動到 5
    按下 Enter 鍵開始隨機
    玩家目前位置在 5
    骰子點數為 4
    玩家移動到 9
    命運卡： 比賽獲得獎金 2000 元 2000
    按下 Enter 鍵開始隨機
    玩家目前位置在 9
    骰子點數為 6
    玩家移動到 15
    機會卡： 路上撿到 100 元 100
    按下 Enter 鍵開始隨機
```

在這一堂課，我們完成了兩個類型相同的「機會」模組與「命運」模組的設計及實作模擬。在過程中，了解分析各模組所需，進而設計出適合的類別與物件，來供程式設計師使用。到目前為止，還差美食商店的區塊還沒有設計與實作，就待這部分也完成後，代表整個大富翁地圖上的所有區塊就都完成了。在下一堂課，我們將進行大富翁地圖上最大比例的美食商店來分析製作。

課後練習

1. 在讀檔時，如何使用 with 的語法來開啟 csv 檔？
2. 在讀檔時，如何指定欲存取的特定欄位來讀取 csv 檔？

Python 補充資料

▌ csv 檔案讀取

❋ csv 是內文內容用逗號來做分隔的一種文字檔案格式，用逗號分隔出不同欄位的資料，例如：EXCEL 也可以將試算表的資料存成 csv 的檔案格式。

❋ 在 Python 程式設計時，若要讀取或產生 csv 檔，則可以使用其內建的 csv 模組，也就是說，一開始需要導入，語法為 **import** csv。

❋ 在讀檔時，常會採用 with 的語法來處理整個過程。語法如下：

with open(file, mode) **as** 檔案物件名稱 :
　　　　敘述指令

其中，

◆ 檔案物件名稱後面記得加冒號（ : ）。

◆ file 代表欲操作的檔案名稱。

◆ mode 則是操作的動作。若有關於編碼的部分，會用 encoding='utf-8' 來處理編碼問題。若讀取過程中擔心遇到換行字元而造成讀取不正確時，會用 newline='' 來解決。

◆ 12-3.py 範例說明：

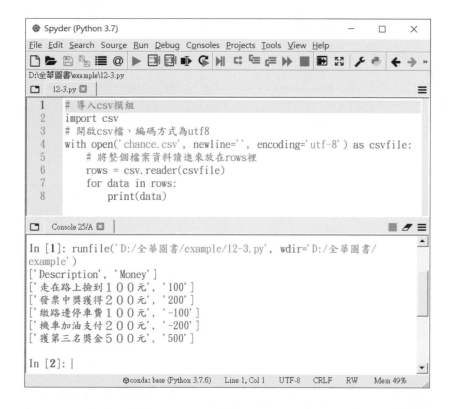

* 採用 Dictionary 來讀取
  ◆ 使用 csv.DictReader 的指令來讀取 csv 檔案的內容。
  ◆ 檔案裡的第一列會被當成欄位的名稱，第二列以後則被當成 Dictionary 裡的資料。如此，我們就可以透過所需的欄位名稱來存取特定的欄位資料。
  ◆ 12-4.py 範例說明：

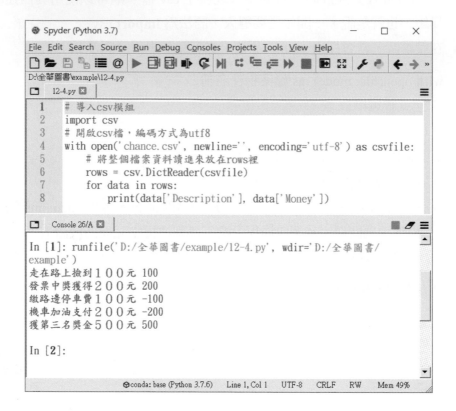

第 **13** 堂課

主題區塊模組
設計

遊戲式運算思維學 Python 程式設計

　　前面的課程已經完成了四個角落、機會及命運等模組的分析、判斷與設計實作。目前，就缺少美食商店的區塊還沒有進行設計。在這堂課裡，將針對最複雜且需要考慮美食商店區塊中的各種狀況進行各種可能的分析與設計，讓玩家可以移動到各商店時，根據商家擁有者是誰來進行經營權的購得、支付美食費用或不需要任何動作。開始進行設計前，先來看看這堂課要完成的步驟是在整體流程步驟的哪個部分。其中流程步驟的整個邏輯步驟順序，黑色的敘述代表是之前已經分析與設計過的步驟、灰色的敘述是尚未進行分析與設計的步驟，而黑色粗體的敘述則是這堂課要進行的部分，如下所示：

⭐ 流程步驟

```
1       輸入玩家人數 n
2       每人領取 20000 元
3       每人選取一個專屬公仔
4       i = 1
        while True:
5               印出大富翁地圖
6               擲骰子，得到點數
7               根據點數移到定位
8               # 開始（起點）模組
9               # 角落模組
10              # 機會模組
11              # 命運模組
12              # 主題區塊（美食商店）模組
                if 停留在其他位置：
12.1                    if 是自己的商店：
                                不用做任何事
12.2                    if 是別人的商店：
                                if 擁有者停留在休息一天或三天：
                                        支付銀行 100 元
                                else：
                                        支付美食費用與 100 元
12.3                    if 是無人的商店：
                                if 決定是否購買：
                                        支付銀行經營權的金額
13              # 破產處理
14              i = i + 1
15              if i > n:
                        i = 1
16              if 只剩一個玩家：
                        break
```

根據上面的流程步驟，這堂課要進行的「步驟 12：主題區塊（美食商店）模組」包含了三個子步驟，分別是「步驟 12.1：自己的商店」、「步驟 12.2：別人的商店」與「步驟 12.3：無人的商店」等狀態。問題是，當玩家移動到美食商店的區塊時，我們要如何判斷這家商店的擁有者是誰呢？判斷完擁有者是誰後，還要決定是要購買經營權或支付美食費用，這些金額又該從哪兒得知呢？因此，這樣的問題若要得到答案，都必須是玩家移動到這家美食商店時才會被觸發。也就是說，如果這些訊息都記錄在每一家美食商店裡，那就可以很輕易地判斷所有可能的狀況，並獲得所需的答案了。

經過上面的分析後，會有哪些資料需要被記錄在每一家美食商店呢？回到大富翁原先的設計與顯示在地圖上的資訊，我們可以整理出要記錄的資料有：

* 美食商店的名稱；
* 美食商店經營權的金額；
* 美食商店的擁有者。

因此，要有一個資料結構可以記錄這些資訊，那就需要定義一個名為商店（Store）的類別，這個類別需要包含美食商店的名稱、美食商店經營權的金額及美食商店的擁有者等三個屬性欄位可以用來記錄。完整的商店類別定義如下：

商店類別

```
# 定義商店類別，名稱為 Store
class Store:
    # 初始化 name = "Store"、money 為 0、owner 為 0
    def __init__(self, name = "Store", money = 0, owner = 0):
        self.__name = name
        self.__money = money
        self.__owner = owner
    # 設定描述 setName、讀取描述 getName
    def setName(self, name):
        self.__name = name
    def getName(self):
        return self.__name
    # 設定經營權金額 setMoney、讀取金額 getMoney
    def setMoney(self, money):
        self.__money = money
```

```
    def getMoney(self):
        return self.__money
    # 設定擁有者 setOwner、讀取擁有者 getOwner
    def setOwner(self, owner):
        self.__owner = owner
    def getOwner(self):
        return self.__owner
```

我們也先將美食商店名稱、經營權金額與擁有者資料存放在 store.csv 檔案裡（如下所示），透過 13-1.py 將資料讀出，並確認物件宣告使用正確無誤。

```
Name,Money,Owner
  開始  ,0,-1
  藍蜻蜓 ,2000,-1
阿鋐炸雞 ,2000,-1
  機會  ,0,-1
  榕樹下 ,2000,-1
  林家  ,2000,-1
沒事一天 ,0,-1
湯蒸火鍋 ,3000,-1
楊記地瓜 ,3000,-1
  命運  ,0,-1
叮哥茶飲 ,3000,-1
卑南包子 ,3000,-1
沒事三天 ,0,-1
  番薯伯 ,3500,-1
好初乾麵 ,3500,-1
  機會  ,0,-1
濟州冰舖 ,3500,-1
呷飽食堂 ,3500,-1
沒事一天 ,0,-1
阜宏燒餅 ,4000,-1
阿達滷味 ,4000,-1
```

```
    命運　　,0,-1
    老東台 ,4000,-1
刈一圓堡 ,4000,-1
```

13-1.py 程式說明如下：

```python
# 導入 csv 模組
import csv
# 定義商店類別，名稱為 Store
class Store:
    # 初始化 name = "Store"、money 為 0、owner 為 0
    def __init__(self, name = "Store", money = 0, owner = 0):
        self.__name = name
        self.__money = money
        self.__owner = owner
    # 設定描述 setName、讀取描述 getName
    def setName(self, name):
        self.__name = name
    def getName(self):
        return self.__name
    # 設定經營權金額 setMoney、讀取金額 getMoney
    def setMoney(self, money):
        self.__money = money
    def getMoney(self):
        return self.__money
    # 設定擁有者 setOwner、讀取擁有者 getOwner
    def setOwner(self, owner):
        self.__owner = owner
    def getOwner(self):
        return self.__owner
# 建立機會物件串列 Str
Str = [Store()]
# 動態增加區塊物件到 24 個
```

```
for i in range(23):
    Str.append(Store())
# 開啓 csv 檔，編碼方式為 utf8
with open('store.csv', newline='', encoding='utf-8') as csvfile:
    # 將整個檔案資料讀進來放在 rows 裡
    rows = csv.DictReader(csvfile)
    i = 0
    # 將欄位名稱為 Name 和 Money 分開存放，Owner 初始值已為 0 可以不用讀取
    for data in rows:
        Str[i].setName(data['Name'])
        Str[i].setMoney(eval(data['Money']))
        i = i + 1
# 印出讀取並放入 Str 物件串列的結果
for i in range(24):
    print(Str[i].getName(), Str[i].getMoney(), Str[i].getOwner())
```

13-1.py 執行結果如下：

```
In [1]: runfile('D:/ 全華圖書 /example/13-1.py', wdir='D:/ 全華圖書 /example')
    開始 0 0
    藍蜻蜓 2000 0
    阿鋐炸雞 2000 0
    機會 0 0
    榕樹下 2000 0
    林家 2000 0
    沒事一天 0 0
    湯蒸火鍋 3000 0
    楊記地瓜 3000 0
    命運 0 0
    叮哥茶飲 3000 0
    卑南包子 3000 0
    沒事三天 0 0
    番薯伯 3500 0
```

```
好初乾麵 3500 0

機會 0 0

濟州冰舖 3500 0

呷飽食堂 3500 0

沒事一天 0 0

阜宏燒餅 4000 0

阿達滷味 4000 0

命運 0 0

老東台 4000 0

刈一圓堡 4000 0
```

上面執行的結果與原始檔案 store.csv 比對，結果正確無誤，代表我們用 Store 的物件來記錄美食商店的資訊是正確無誤的。

同樣地，回到之前整理的地圖編號（如下表的粗體字標示），可以知道美食商店的區塊分別是地圖編號 1、2、4、5、7、8、10、11、13、14、16、17、19、20、22 和 23。當玩家擲完骰子後，根據點數移動到定位，這時玩家若停留在粗體字標示的地圖編號上，那我們就該進行步驟 12.1、步驟 12.2 和步驟 12.3 的判斷了。

區塊名稱	地圖編號	區塊名稱	地圖編號	區塊名稱	地圖編號	區塊名稱	地圖編號
開始	0	沒事一天	6	沒事三天	12	沒事一天	18
藍蜻蜓	**1**	湯蒸火鍋	7	**番薯伯**	**13**	**阜宏燒餅**	**19**
阿鋐炸雞	**2**	楊記地瓜	8	好初乾麵	14	**阿達滷味**	**20**
機會	3	命運	9	機會	15	命運	21
榕樹下	**4**	叮哥茶飲	10	濟州冰舖	16	**老東台**	**22**
林家	**5**	卑南包子	11	呷飽食堂	17	**刈一圓堡**	**23**

根據上面的分析，我們來模擬一下玩家位置的移動，若停留在粗體字標示的地圖編號上就印出該美食商店的所有資訊；若不是停留在美食商店，則印出該區塊的名稱。

13-2.py 程式說明如下：

```python
# 導入 csv 模組
import csv
# 導入隨機模組
import random
# 定義商店類別，名稱為 Store
class Store:
    # 初始化 name = "Store"、money 為 0、owner 為 0
    def __init__(self, name = "Store", money = 0, owner = 0):
        self.__name = name
        self.__money = money
        self.__owner = owner
    # 設定描述 setName、讀取描述 getName
    def setName(self, name):
        self.__name = name
    def getName(self):
        return self.__name
    # 設定經營權金額 setMoney、讀取金額 getMoney
    def setMoney(self, money):
        self.__money = money
    def getMoney(self):
        return self.__money
    # 設定擁有者 setOwner、讀取擁有者 getOwner
    def setOwner(self, owner):
        self.__owner = owner
    def getOwner(self):
        return self.__owner
# 建立機會物件串列 Str
Str = [Store()]
# 動態增加區塊物件到 24 個
for i in range(23):
    Str.append(Store())
```

```python
# 開啟 csv 檔，編碼方式為 utf8
with open('store.csv', newline='', encoding='utf-8') as csvfile:
    # 將整個檔案資料讀進來放在 rows 裡
    rows = csv.DictReader(csvfile)
    i = 0
    # 將欄位名稱為 Name 和 Money 分開存放，Owner 初始值已為 0 可以不用讀取
    for data in rows:
        Str[i].setName(data['Name'])
        Str[i].setMoney(eval(data['Money']))
        i = i + 1
# 玩家位置
play_po = 0
# 美食商店的區塊位置
store_list = [1, 2, 4, 5, 7, 8, 10, 11, 13, 14, 16, 17, 19, 20, 22, 23]
while True:
    input(" 按下 Enter 鍵開始隨機 ")
    # 印出玩家原先所在的位置
    print(" 玩家目前位置在 ", play_po)
    # 模擬一顆骰子的點數
    rand = random.randint(1,6)
    # 印出隨機出來的數值
    print(" 骰子點數為 ", rand)
    play_po += rand
    # 一圈 24，超過則要減去 24
    if play_po >= 24:
        play_po -= 24
    print(" 玩家移動到 ", play_po)
    # 主題區塊模組
    if play_po in store_list:
        print(Str[play_po].getName(), Str[play_po].getMoney(),
              Str[play_po].getOwner())
    else:
        print(Str[play_po].getName())
```

遊戲式運算思維學 Python 程式設計

13-2.py 執行結果如下：

```
In [1]: runfile('D:/全華圖書/example/13-2.py', wdir='D:/全華圖書/example')
        按下 Enter 鍵開始隨機
        玩家目前位置在 0
        骰子點數為 3
        玩家移動到 3
        機會
        按下 Enter 鍵開始隨機
        玩家目前位置在 3
        骰子點數為 1
        玩家移動到 4
        榕樹下 2000 0
        按下 Enter 鍵開始隨機
        玩家目前位置在 4
        骰子點數為 4
        玩家移動到 8
        楊記地瓜 3000 0
        按下 Enter 鍵開始隨機
        玩家目前位置在 8
        骰子點數為 2
        玩家移動到 10
        叮哥茶飲 3000 0
        按下 Enter 鍵開始隨機
        玩家目前位置在 10
        骰子點數為 6
        玩家移動到 16
        濟州冰舖 3500 0
        按下 Enter 鍵開始隨機
        玩家目前位置在 16
        骰子點數為 4
        玩家移動到 20
        阿達滷味 4000 0
```

```
按下 Enter 鍵開始隨機
玩家目前位置在 20
骰子點數為 1
玩家移動到 21
命運
按下 Enter 鍵開始隨機
```

　　完成了 13-2.py 的實作練習後，接下來就直接針對美食商店的相關判斷進行設計。此時所需的判斷步驟，可以直接參考「步驟 12.1：自己的商店」、「步驟 12.2：別人的商店」與「步驟 12.3：無人的商店」。關於美食商店擁有者的判斷，我們採用數字來分辨，-1 代表沒人的、0 代表第一位玩家、1 代表第二位玩家、2 代表第三位玩家及 3 代表第四位玩家。因此，當玩家走到某個美食商店時，我們就先取出當下美食商店的擁有者資訊來做判斷。如果擁有者資訊為 0，代表玩家可以決定要不要買下經營權；如果擁有者資訊為自己，代表不用做任何事；如果擁有者資訊不是自己，代表該玩家要支付美食費用給擁有者及支付 100 元給銀行。另外，玩家若有買下美食商店的經營權，則要記得變更該美食商店擁有者的資料。最後，根據以上的分析來進行接下來的程式實作練習。

13-3.py 程式說明如下：

```python
# 導入 csv 模組
import csv
# 導入隨機模組
import random
# 定義商店類別，名稱為 Store
class Store:
    # 初始化 name = "Store"、money 為 0、owner 為 -1
    def __init__(self, name = "Store", money = 0, owner = -1):
        self.__name = name
        self.__money = money
        self.__owner = owner
    # 設定描述 setName、讀取描述 getName
    def setName(self, name):
        self.__name = name
    def getName(self):
```

```python
        return self.__name
    # 設定經營權金額 setMoney、讀取金額 getMoney
    def setMoney(self, money):
        self.__money = money
    def getMoney(self):
        return self.__money
    # 設定擁有者 setOwner、讀取擁有者 getOwner
    def setOwner(self, owner):
        self.__owner = owner
    def getOwner(self):
        return self.__owner
# 定義玩家類別，名稱為 Player
class Player:
    # 初始化 money=20000、位置 po 為 0
    def __init__(self, money = 20000, po = 0):
        self.__money = money
        self.__po = po
    # 設定姓名 setName、讀取姓名 getName
    def setName(self, name):
        self.__name = name
    def getName(self):
        return self.__name
    # 設定金額 setMoney、讀取金額 getMoney
    def setMoney(self, add):
        self.__money += add
    def getMoney(self):
        return self.__money
    # 設定位置 setPo、讀取位置 getPo
    def setPo(self, move):
        self.__po += move
    def getPo(self):
        return self.__po
```

```python
# 建立美食商店物件串列 Str
Str = [Store()]
# 動態增加區塊物件到 24 個
for i in range(23):
    Str.append(Store())
# 開啟 csv 檔，編碼方式為 utf8
with open('store.csv', newline='', encoding='utf-8') as csvfile:
    # 將整個檔案資料讀進來放在 rows 裡
    rows = csv.DictReader(csvfile)
    i = 0
    # 將欄位名稱為 Name 和 Money 分開存放，Owner 初始值已為 0 可以不用讀取
    for data in rows:
        Str[i].setName(data['Name'])
        Str[i].setMoney(eval(data['Money']))
        i = i + 1
# 美食商店的區塊位置
store_list = [1, 2, 4, 5, 7, 8, 10, 11, 13, 14, 16, 17, 19, 20, 22, 23]
# 輸入玩家人數
play_no = eval(input("請輸入玩家人數："))
# 建立物件 P
P = [Player()]
# 動態增加物件到 P 串列
for i in range(1, play_no):
    P.append(Player())
for i in range(0, play_no):
    # 改變玩家姓名 setName(" 姓名 ")
    P[i].setName(input("請輸入玩家姓名："))
i = 0
while True:
    input("********** 按下 Enter 鍵開始隨機擲骰子 ")
    # 模擬一顆骰子的點數
    rand = random.randint(1,6)
```

```python
        P[i].setPo(rand)
        # 一圈 24，超過則要減去 24
        if P[i].getPo() >= 24:
            P[i].setPo(-24)
        # 印出玩家原先所在的位置、點數、移動到的位置
        print("玩家 ", P[i].getName(), " 骰子點數為 ", rand,
            " 玩家移動到 ", P[i].getPo())
        # 主題區塊模組
        if P[i].getPo() in store_list:
            # 步驟 12.1：自己的商店
            if Str[P[i].getPo()].getOwner() == i:
                print(Str[P[i].getPo()].getName(), " 的擁有者是 ",
                    P[i].getName())
                # Nothing to do
            # 步驟 12.2：別人的商店
            if Str[P[i].getPo()].getOwner() != i and
                Str[P[i].getPo()].getOwner() != -1:
                pay = Str[P[i].getPo()].getMoney()/10
                print(" 支付玩家 ", P[Str[P[i].getPo()].getOwner()].
                    getName(), " 金額 ", pay, " 支付銀行金額 100")
                # before 代表原先的金額：after 代表支出或收入的金額
                # 計算美食商店擁有者的金額變化 before=>after
                before = P[Str[P[i].getPo()].getOwner()].getMoney()
                P[Str[P[i].getPo()].getOwner()].setMoney(pay)
                after = P[Str[P[i].getPo()].getOwner()].getMoney()
                print(" 玩家 ", P[Str[P[i].getPo()].getOwner()].
                    getName(), " 金額從 ", before, " 變成 ", after)
                # 計算玩家的金額變化 before=>after
                before = P[i].getMoney()
                P[i].setMoney(-100-pay)
                after = P[i].getMoney()
```

```python
        print(" 玩家 ", P[i].getName(), " 金額從 ", before,
            " 變成 ", after)


# 步驟 12.3：無人的商店
if Str[P[i].getPo()].getOwner() == -1:
    if P[i].getMoney() >= Str[P[i].getPo()].getMoney():
        print("要花金額", Str[P[i].getPo()].getMoney(),
            " 買下 ", Str[P[i].getPo()].getName(),
            " 的經營權嗎 (Y/N) ？ ")
        ans = input()
        if ans == 'Y' or ans == 'y':
            # 計算玩家購買經營權後的金額變化 before=>after
            before = P[i].getMoney()
            P[i].setMoney(-1*Str[P[i].getPo()].getMoney())
            after = P[i].getMoney()
            Str[P[i].getPo()].setOwner(i)
            print(" 玩家 ", P[i].getName(), " 金額從 ",
                before, " 變成 ", after)
i = i + 1
if i >= play_no:
    i -= play_no
```

13-3.py 執行結果如下：

```
In [1]: runfile('D:/ 全華圖書 /example/13-3.py', wdir='D:/ 全華圖書 /example')
請輸入玩家人數：4
請輸入玩家姓名：Angus
請輸入玩家姓名：Tom
請輸入玩家姓名：David
請輸入玩家姓名：John
********** 按下 Enter 鍵開始隨機擲骰子
玩家 Angus 骰子點數為 6 玩家移動到 6
********** 按下 Enter 鍵開始隨機擲骰子
```

玩家 Tom 骰子點數為 3 玩家移動到 3

********** 按下 Enter 鍵開始隨機擲骰子

玩家 David 骰子點數為 1 玩家移動到 1

要花金額 2000 買下 藍蜻蜓 的經營權嗎 (Y/N)？

y

玩家 David 金額從 20000 變成 18000

********** 按下 Enter 鍵開始隨機擲骰子

玩家 John 骰子點數為 1 玩家移動到 1

支付玩家 David 金額 200.0 支付銀行金額 100

玩家 David 金額從 18000 變成 18200.0

玩家 John 金額從 20000 變成 19700.0

********** 按下 Enter 鍵開始隨機擲骰子

玩家 Angus 骰子點數為 4 玩家移動到 10

要花金額 3000 買下 叮哥茶飲 的經營權嗎 (Y/N)？

y

玩家 Angus 金額從 20000 變成 17000

********** 按下 Enter 鍵開始隨機擲骰子

玩家 Tom 骰子點數為 2 玩家移動到 5

要花金額 2000 買下 林家 的經營權嗎 (Y/N)？

y

玩家 Tom 金額從 20000 變成 18000

********** 按下 Enter 鍵開始隨機擲骰子

玩家 David 骰子點數為 2 玩家移動到 3

********** 按下 Enter 鍵開始隨機擲骰子

玩家 John 骰子點數為 6 玩家移動到 7

要花金額 3000 買下 湯蒸火鍋 的經營權嗎 (Y/N)？

y

玩家 John 金額從 19700.0 變成 16700.0

********** 按下 Enter 鍵開始隨機擲骰子

　　13-3.py 的程式似乎已經變得比較多了，但相信各位應該有看出，所有的邏輯流程都是照著原先設計的流程直接帶入撰寫出來的。雖然程式碼的數量增加很多，但並不影響整個邏輯的設計。因此，先透過運算思維思考過後，所撰寫出來的邏輯流程，原則上都不會有太大的問題存在。只要各位跟著自己設計出來的邏輯步驟一步一步填上所對應的程式語法，就可以很輕易地完成這項數位化程式設計的工程了。

　　在這一堂課，我們完成大富翁地圖上的最後一哩路，把主題區塊（美食商店）的流程也補上去，這樣就完善了整個大富翁地圖裡各區塊所需的作業。不過，前面的課程雖然都分析、設計與實作了各模組的程式，但還需要進行所有程式的整合與測試，才能呈現出大富翁數位化後的正確結果。在接下來的課程，我們還要進行大富翁地圖的製作，讓它變成一個類似紙本桌遊的地圖樣貌，而不只是單純的文字敘述呈現方式。完成地圖製作後，就是要進行最後的整合與測試階段了。

課後練習

1. 程式設計時，常會去找尋資料是否存在於串列裡。請舉例並使用串列的 in 與 not in 等指令來進行資料的尋找。

⭐ Python 補充資料

▌串列應用

❋ 檢查某個資料是否有在串列裡，可以用 **in** 的運算子來處理。

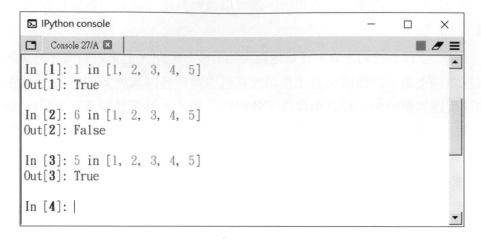

❋ 檢查某個資料是否不在串列裡，可以用 **not in** 的運算子來處理。

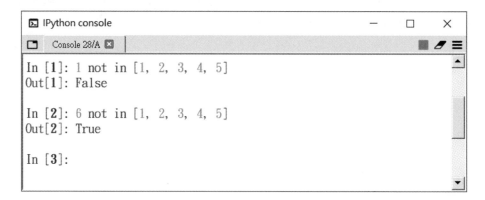

第 **14** 堂課

地圖印製設計

Lv2

從第十堂課到第十三堂課，我們已經完成開始模組、角落模組、機會與命運模組及主題區塊模組等的分析與設計，並且也進行相關實作的作業，讓大家可以更清楚瞭解各模組的運作流程與方式。然而，在整個數位化的過程中，所有的輸出都是採用文字敘述的方式進行，這樣將不利玩家去了解自己與其他玩家相對所處的位置，也不清楚到底哪些美食商店的經營權是歸誰所擁有。若可以像紙本桌遊一樣，有一個地圖式的呈現，將有助於玩家們在遊戲過程中的操作與使用。

　　因此，這一堂課將帶領各位設計一個方便且容易閱讀的大富翁地圖。我們將利用輸出的方式排列出一個二維地圖，讓玩家容易理解與解讀。在開始進行設計前，一樣先來看看這堂課要完成的步驟是在整體流程步驟的哪個部分，其中流程步驟的整個邏輯步驟順序，黑色的敘述代表是之前已經分析與設計過的步驟，而黑色粗體的敘述則是這堂課要進行的部分，如下所示：

⭐ 流程步驟

1	輸入玩家人數 n
2	每人領取 20000 元
3	每人選取一個專屬公仔
4	i = 1
	while True:
5	**印出大富翁地圖**
6	擲骰子，得到點數
7	根據點數移到定位
8	# 開始（起點）模組
9	# 角落模組
10	# 機會模組
11	# 命運模組
12	# 主題區塊（美食商店）模組
13	# 破產處理
14	i = i + 1
15	if i > n:
	i = 1
16	if 只剩一個玩家：
	break

　　這堂課要完成的「步驟 5：印出大富翁地圖」已經是整個流程步驟的最後一項工作。也就是說，結束這堂課後，就完成了所有步驟的分析、設計與實作，也在講解的過程中確認每一個步驟的可行性與正確性，最後的階段就是進行所有步驟的整合與測試。

　　大家是否發現，步驟 5 在流程步驟中的位置是很前面的，就整個流程來看，當玩家開始玩的時候，就要先印出大富翁地圖；換另一位玩家時，又要再印一次大富翁地圖。意思就是，這個大富翁地圖是會一直被顯示在螢幕上的。因此，為了方便各位未來的程式撰寫與維護，遇到這種需要一直被重複執行的動作，我們都會採用函式（function）的方式來進行設計。當定義好特定的函式後，我們只要去呼叫它，該函式就會根據所需去進行相關動作。未來，若遇到要修改或調整時，只要針對函式內容去進行修改與調整即可，這樣就可以免去不小心變更到其他地方、或少變更到要調整的地方，而造成整體的程式結果有誤。有了以上的基本認識後，接下來就介紹函式的定義與用法。

　　函式（function），在前面的程式裡，我們已經用到很多 Python 內建的函式，如：輸入 input( )、輸出 print( )、取數字 eval( ) 等。但在這裡，我們要用到的函式是屬於使用者自訂的函式，根據使用者需要來定義一個符合需求的函式，以供程式設計師呼叫使用。因此，函式的語法是

　　def *function_name*(*parameters*):

　　　　statements

　　　　[return|return *value*]

　　其中，**def** 是定義函式的關鍵字；function_name 是函式的名稱，命名規則和變數的一樣；parameters 則是函式的參數，可以有 0 個、1 個或多個參數，若有多個參數，中間以逗號（，）隔開即可；參數主要是用來傳遞資料給函式使用的；函式名稱 ( ) 後面記得要加一個冒號（：）；statements 則是函式的主體；return 的部分則是回傳資料給呼叫函式的地方，可以回傳 0 個、1 個或多個，若沒有回傳值，return 的敘述可以省略不寫，若有多個回傳值，中間用逗號（，）隔開即可。

　　我們先來練習如何定義函式並且呼叫使用它。假設要透過函式 Circle_Area 計算不同半徑的圓面積，那麼函式可以定義如下：

```
# 定義函式 Circle_Area，計算圓面積
def Circle_Area(radius):
    # 半徑 radius
    area = radius**2*3.1415926
    # 回傳面積 area
    return area
```

有了 Circle_Area(radius) 的函式定義後，要如何呼叫這個函式幫忙做圓面積的計算呢？假設輸入半徑值，呼叫函式 Circle_Area 後，將計算出的圓面積回傳給呼叫的位置，並列印出來。

14-1.py 程式說明如下：

```python
# 定義函式 Circle_Area，計算圓面積
def Circle_Area(radius):
    # 半徑 radius，3.1415926 為圓周率
    area = radius**2*3.1415926
    # 回傳面積 area
    return area
# 輸入半徑
r = eval(input("請輸入半徑："))
# 印出圓面積計算結果
print("半徑為 ", r, "的圓面積為 ", Circle_Area(r))
```

14-1.py 執行結果如下：

```
In [1]: runfile('D:/全華圖書/example/14-1.py', wdir='D:/全華圖書/example')
    請輸入半徑：10
    半徑為 10 的圓面積為 314.15926
In [2]: runfile('D:/全華圖書/example/14-1.py', wdir='D:/全華圖書/example')
    請輸入半徑：5
    半徑為 5 的圓面積為 78.539815
```

上面的例子是一個參數的傳遞，當然也可以定義多個參數的傳遞。例如：請輸入長方形的長與寬後，利用 Rectangular_Area 的函式計算出長方形面積，則可以將函式定義如下：

```python
# 定義函式 Rectangular_Area，計算長方形面積
def Rectangular_Area(length, width):
    # 長：length、寬：width
    area = length*width
    # 回傳面積 area
    return area
```

　　根據上面的函式定義，在輸入一個長方形的長與寬後，透過呼叫函式計算並得出計算後的結果，14-2.py 程式說明如下：

```python
# 定義函式 Rectangular_Area，計算長方形面積
def Rectangular_Area(length, width):
    # 長：length、寬：width
    area = length*width
    # 回傳面積 area
    return area
# 輸入長方形的長
l = eval(input("請輸入長："))
# 輸入長方形的寬
w = eval(input("請輸入寬："))
# 印出面積計算結果
print("長為", l, "寬為", w,"的長方形面積為", Rectangular_Area(l, w))
```

14-2.py 執行結果如下：

```
In [1]: runfile('D:/全華圖書/example/14-2.py', wdir='D:/全華圖書/example')
    請輸入長：3
    請輸入寬：2
    長為 3 寬為 2 的長方形面積為 6
In [2]: runfile('D:/全華圖書/example/14-2.py', wdir='D:/全華圖書/example')
    請輸入長：10
    請輸入寬：20
    長為 10 寬為 20 的長方形面積為 200
```

　　透過以上兩個範例，相信大家應該對函式的使用有了基本的認識。接下來，要看看若所需傳遞的資料是一個串列呢？這時可以如何定義函式，如何呼叫函式來使用？假設有一個串列裡有兩個數值，若要呼叫一個 swap 的函式來進行兩個數值對調的作業，那 swap 函式的定義如下所示：

```python
# 定義函式 swap(a)，a 是一個串列
def swap(a):
    # tmp 為暫時交換用的變數
```

```
    tmp = a[0]

    a[0] = a[1]

    a[1] = tmp
```

若要使用 swap 這個函式，程式裡呼叫的方式如 14-3.py 所示：

```
# 定義函式 swap(a)，a 是一個串列
def swap(a):
    # tmp 為暫時交換用的變數
    tmp = a[0]
    a[0] = a[1]
    a[1] = tmp


# x 為一個串列
x = [10, 20]
# 印出交換前的 x 串列資料
print("Before：x = ", x)
# 呼叫 swap() 函式進行數值交換
swap(x)
# 印出交換後的 x 串列資料
print("After：x = ", x)
```

14-3.py 執行結果如下：

```
In [1]: runfile('D:/ 全華圖書 /example/14-3.py', wdir='D:/ 全華圖書 /example')
    Before：x =  [10, 20]
    After：x =  [20, 10]
```

　　有了以上的認識後，回到這堂課的主題：要如何印製出大富翁地圖呢？我們需要先思考，這個地圖上要呈現哪些資訊？先考慮每一個區塊的資料內容，包含區塊名稱、該區塊的擁有者、玩家是否停留在該區塊、區塊經營權價格等。因此，可以把每個區塊裡要呈現的資訊歸納如圖 14-1 範例所示：

	阿	鉉	炸	雞	B
	2	0	0	0	
	A	B	C	D	

圖 14-1　區塊資訊顯示配置圖

依上面的「阿鋐炸雞」這個美食商店區塊來做說明，分別條列如下：

* 灰色區域：代表空白區域，不會填入任何資料，但會用全形空白表示；
* 正上方中間的「阿」、「鋐」、「炸」、「雞」四個字，則是填入各個區塊的名稱，若不足四個字，則保留全形的空格；
* 右上角的 B：代表這個美食商店的經營權是玩家 B 所擁有的；
* 正中間的 2000：代表該美食商店的經營權金額爲 2,000 元；
* 下方中間的 ABCD：代表玩家 A、玩家 B、玩家 C 與玩家 D 目前移動到「阿鋐炸雞」這家美食商店。

以上的數字、英文與灰色區域的顯示方式都以全形的方式來處理，爲的是要讓三列的位置可以對齊排列。

　　了解以上區塊內的定義說明後，再來看一個例子，大家可以嘗試說明該區塊所代表的意思爲何？

圖 14-2　區塊顯示結果

　　相信大家都會解釋，這個美食商店的名稱爲濟州冰舖，經營權的金額爲 3,500 元，目前並沒有被任何一個玩家所擁有，而現在玩家 B 與玩家 C 正好停留在此。接著，再來回顧一下這些區塊的名稱、經營權的金額、玩家公仔代碼、美食商店擁有者等，分別在程式裡的名稱叫什麼？對應如下：

* 區塊名稱「名稱○○」：也就是美食商店名稱，則是美食商店物件 .getName()；
* 經營權金額「MMMM」：美食商店物件 .getMoney()；
* 美食商店擁有者「A」：美食商店物件 .getOwner()；
* 玩家停留在這區塊「ＰＰＰＰ」：玩家物件 .getID()，ID 是玩家的代碼 A、B、C 或 D。

　　若先將整個大富翁地圖透過剛剛的區塊內各位置定義後，整個地圖會如圖 14-3 的展開樣貌。地圖中間空白區域的大小爲 19x34，也就是橫的部分有 19 列，每列的長度爲 34 個全形字體大小。

名稱１８ MMMM PPPP	名稱１７ MMMM PPPP	名稱１６ MMMM PPPP	名稱１５ MMMM PPPP	名稱１４ MMMM PPPP	名稱１３ MMMM PPPP	名稱１２ MMMM PPPP
名稱１９ MMMM PPPP						名稱１１ MMMM PPPP
名稱２０ MMMM PPPP						名稱１０ MMMM PPPP
名稱２１ MMMM PPPP						名稱０９ MMMM PPPP
名稱２２ MMMM PPPP						名稱０８ MMMM PPPP
名稱２３ MMMM PPPP						名稱０７ MMMM PPPP
名稱００Ａ MMMM PPPP	名稱０１ MMMM PPPP	名稱０２ MMMM PPPP	名稱０３ MMMM PPPP	名稱０４ MMMM PPPP	名稱０５ MMMM PPPP	名稱０６ MMMM PPPP

圖 14-3　大富翁地圖區塊示意圖

　　根據中間空白區的大小，可以規劃相關資訊的呈現，例如：玩家擲骰子的點數、移動到何處、隨機抽到機會或命運的內容、目前玩家手上剩餘的金錢，及提醒換哪位玩家擲骰子等（參考 14-4.py），如圖 14-4 所示：

名稱１８ MMMM PPPP	名稱１７ MMMM PPPP	名稱１６ MMMM PPPP	名稱１５ MMMM PPPP	名稱１４ MMMM PPPP	名稱１３ MMMM PPPP	名稱１２ MMMM PPPP
名稱１９ MMMM PPPP	玩家Ａ的骰子點數為5，移動到ＸＸＸＸ					名稱１１ MMMM PPPP
名稱２０ MMMM PPPP	機會：ＸＸＸＸＸＸＸＸＸＸ					名稱１０ MMMM PPPP
名稱２１ MMMM PPPP	命運：ＸＸＸＸＸＸＸＸＸＸＸＸ					名稱０９ MMMM PPPP
名稱２２ MMMM PPPP	玩家Ａ　玩家Ｂ　玩家Ｃ　玩家Ｄ MMMMM　　MMMMM　　MMMMM　　MMMMM					名稱０８ MMMM PPPP
名稱２３ MMMM PPPP	＞＞＞請玩家Ｂ按ＥＮＴＥＲ鍵擲骰子＜＜＜					名稱０７ MMMM PPPP
名稱００Ａ MMMM PPPP	名稱０１ MMMM PPPP	名稱０２ MMMM PPPP	名稱０３ MMMM PPPP	名稱０４ MMMM PPPP	名稱０５ MMMM PPPP	名稱０６ MMMM PPPP

圖 14-4　地圖中間區域資料顯示

圖中的文字顯示方面，可以分別採用程式裡的相關名稱組合而成，分述如下：

* 「玩家 A 的骰子點數為 5，移動到ＸＸＸＸ」：玩家 A 的部分可以根據目前輪到哪位玩家來呈現；點數的值則根據 rand 的資料來處理；ＸＸＸＸ則由玩家的位置去得到 Str[P[目前玩家].getPo()].getName()。

* 「機會：ＸＸＸＸＸＸＸＸＸＸ」：當玩家走到機會區塊時，則會隨機產生一張機會牌卡，其內容（Ch[隨機值].getDescription()）就會呈現於此。

* 「命運：ＸＸＸＸＸＸＸＸＸＸＸＸ」：當玩家走到命運區塊時，則會隨機產生一張命運牌卡，其內容（Fo[隨機值].getDescription()）就會呈現於此。

* 「ＭＭＭＭＭ」：根據每位玩家目前所剩餘的金錢來顯示（P[每個玩家].getMoney()）。

* 「請玩家Ｂ按ＥＮＴＥＲ鍵擲骰子」：根據下一位玩家來提醒擲骰子的動作。

以上五個說明，到時候會在程式裡用 list_b 的串列來記錄，再傳至函式進行輸出顯示。

接下來將依照前面的分析與說明，模擬玩家們的移動與相關動作，及畫面上所有的文字呈現。在這一次的模擬程式裡，將類別、函式等分別拆解到各自的檔案裡，因此會有：

* store.py 存放定義美食商店的類別；
* player.py 存放定義玩家的類別；
* chance.py 存放定義機會的類別；
* fortune.py 存放定義命運的類別；
* trans_no.py 存放定義半形轉換全形的函式；
* print_board.py 存放印製地圖的函式。

當然還會有一支主要的程式 14-5.py 去呼叫使用它們。接下來，分別來了解每個程式碼，分述如下：

store.py 程式說明如下：

```
class Store:
    # 初始化 name = "Store"、money 為 0、owner 為 -1
    def __init__(self, name = "Store", money = 0, owner = -1):
        self.__name = name
        self.__money = money
```

```
        self.__owner = owner
    # 設定描述 setName、讀取描述 getName
    def setName(self, name):
        self.__name = name
    def getName(self):
        return self.__name
    # 設定經營權金額 setMoney、讀取金額 getMoney
    def setMoney(self, money):
        self.__money = money
    def getMoney(self):
        return self.__money
    # 設定擁有者 setOwner、讀取擁有者 getOwner
    def setOwner(self, owner):
        self.__owner = owner
    def getOwner(self):
        return self.__owner
```

player.py 程式說明如下：

```
# 定義玩家類別，名稱為 Player
class Player:
    # 初始化 name = Player、位置 po 為 0、ID 為 I、money = 20000
    def __init__(self, name = "Player", po = 0, pid = "I",
                 money = 20000):
        self.__name = name
        self.__po = po
        self.__id = pid
        self.__money = money
    # 設定姓名 setName、讀取姓名 getName
    def setName(self, name):
        self.__name = name
    def getName(self):
        return self.__name
```

```
    # 設定位置 setPo、讀取位置 getPo
    def setPo(self, move):
        self.__po += move
    def getPo(self):
        return self.__po
    # 設定金額 setID、讀取金額 getID
    def setID(self, pid):
        self.__id = pid
    def getID(self):
        return self.__id
    # 設定金額 setMoney、讀取金額 getMoney
    def setMoney(self, add):
        self.__money += add
    def getMoney(self):
        return self.__money
```

chance.py 程式說明如下：

```
# 定義機會類別，名稱為 Chance
class Chance:
    # 初始化 description = "Chance"、money 為 0
    def __init__(self, description = "Chance", money = 0):
        self.__description = description
        self.__money = money
    # 設定描述 setDescription、讀取描述 getDescription
    def setDescription(self, description):
        self.__description = description
    def getDescription(self):
        return self.__description
    # 設定金額 setMoney、讀取金額 getMoney
    def setMoney(self, money):
        self.__money = money
    def getMoney(self):
        return self.__money
```

fortune.py 程式說明如下：

```python
# 定義命運類別，名稱為 Fortune
class Fortune:
    # 初始化 description = "Fortune"、money 為 0
    def __init__(self, description = "Fortune", money = 0):
        self.__description = description
        self.__money = money
    # 設定描述 setDescription、讀取描述 getDescription
    def setDescription(self, description):
        self.__description = description
    def getDescription(self):
        return self.__description
    # 設定金額 setMoney、讀取金額 getMoney
    def setMoney(self, money):
        self.__money = money
    def getMoney(self):
        return self.__money
```

trans_no.py 程式說明如下：

```python
# 進行數值 no 的半形轉換成全形的作業，根據 fr 不同的類型有不一樣的轉換方式
def trans_no(fr, no):
    # 轉換數值，用全形顯示
    trans_num = (0, "０", 1, "１", 2, "２", 3, "３", 4, "４",
                 5, "５", 6, "６", 7, "７", 8, "８", 9, "９")
    # 轉換玩家 ID，0=>A，1=>B，2=>C，3=>D
    trans_ID = (0, "Ａ", 1, "Ｂ", 2, "Ｃ", 3, "Ｄ")
    # 經營權金額半形轉成全形
    trans_money = (0, "００００", 2000, "２０００", 3000, "３０００", 3500, "３５００", 4000, "４０００")
    ls = ""
    # fr=1 為玩家金錢轉換，五位數轉成五個一位數
    if fr == 1:
```

```
        tmp = [0,0,0,0,0]
        tmp[4] = no%10
        tmp[3] = (no%100)//10
        tmp[2] = (no//100)%10
        tmp[1] = (no//1000)%10
        tmp[0] = no//10000
        for i in range(0,5):
            ls += trans_num[trans_num.index(tmp[i])+1]
    # fr=2 為骰子點數轉換
    if fr == 2:
        ls = trans_num[trans_num.index(no)+1]
    # fr=3 為玩家 ID 轉換
    if fr == 3:
        ls = trans_ID[trans_ID.index(no)+1]
    # fr=4 為經營權金額轉換
    if fr == 4:
        ls = trans_money[trans_money.index(no)+1]
    return ls
```

至於，print_board.py 程式說明部分如下所示：

```
# 從 trans_no.py 導入 trans_no 函式
from trans_no import trans_no
# 定義印出地圖的函式
def print_board(Pr, Sr, st, ls, play_no):
    # 每個美食商店經營權金額轉換成全形並存放在 mm 串列裡
    mm = [""]
    for i in range(23):
        mm.append("")
    for i in range(24):
        mm[i] = trans_no(4, Sr[i].getMoney())
    # 每個美食商店擁有者的標示並存放在 own 串列裡
    own = [""]
```

```
for i in range(23):
    own.append("")
for i in range(24):
    if Sr[i].getOwner() != -1:
        own[i] = Pr[Sr[i].getOwner()].getID()
    else:
        own[i] = "  "
# 地圖最上頭的玩家 ABCD 與名稱對應說明
player_D = ""
for i in range(play_no):
    player_D += "玩家" + Pr[i].getID() + ":" + Pr[i].
                                    getName() + "  "
print(player_D)
# 地圖印製
print("")
print("  "+Sr[18].getName()+own[18]+" |  "+Sr[17].
    getName()+own[17]+" |  "+Sr[16].getName()+
    own[16]+" |  "+Sr[15].getName()+own[15]+" |
    "+Sr[14].getName()+own[14]+" |  "+Sr[13].
    getName()+own[13]+" |  "+Sr[12].getName()+own[12])
print("  "+mm[18]+"  |  "+mm[17]+"  |  "+mm[16]+"  |
    "+mm[15]+"  |  "+mm[14]+"  |  "+mm[13]+"  |  "+mm[12])
print("  "+st[18]+"  |  "+st[17]+"  |  "+st[16]+"  |
    "+st[15]+"  |  "+st[14]+"  |  "+st[13]+"  |  "+st[12])
print("————————————————————————————————————
    ————————————————————————————")
print("  "+Sr[19].getName()+own[19]+"  |
                                    |  "+Sr[11].
    getName()+own[11])
print("  "+mm[19]+"  |
                    |  "+mm[11])
print("  "+st[19]+"  |
```

```
                     "+ls[0]+"                           |   "+st[11])
    print("—————— |
                     | ——————")
    print("  "+Sr[20].getName()+own[20]+" |
                                              |   "+Sr[10].
        getName()+own[10])
    print("  "+mm[20]+"  |
        "+ls[1]+"                             |   "+mm[10])
    print("  "+st[20]+"  |
                     |  "+st[10])
    print("—————— |
                     | ——————")
    print("  "+Sr[21].getName()+own[21]+" |
        "+ls[2]+"                             |   "+Sr[9].
        getName()+own[9])
    print("  "+mm[21]+"  |
                     |  "+mm[9])
    print("  "+st[21]+"  |
                     |  "+st[9])
    print("—————— |
                     | ——————")
    print("  "+Sr[22].getName()+own[22]+" |      玩 家
A   玩 家 B   玩 家 C   玩 家 D     |  "+Sr[8].
getName()+own[8])
    print("  "+mm[22]+"  |        "+ls[3]+"          |  "+mm[8])
    print("  "+st[22]+"  |
                     |  "+st[8])
    print("—————— |
                     | ——————")
    print("  "+Sr[23].getName()+own[23]+" |
                                              |  "+Sr[7].
getName()+own[7])
```

```
    print("  "+mm[23]+"  |              "+ls[4]+"                |
        "+mm[7])
    print("  "+st[23]+"  |
                      |   "+st[7])
    print("——————————————————————————————
        ——————————————————————")
    print("  "+Sr[0].getName()+own[0]+"  |   "+Sr[1].
        getName()+own[1]+"  |   "+Sr[2].getName()+own[2]+"  |
        "+Sr[3].getName()+own[3]+"  |   "+Sr[4].getName()+own[4]+
        "  |   "+Sr[5].getName()+own[5]+"  |   "+Sr[6].
        getName()+own[6])
    print("  "+mm[0]+"  |   "+mm[1]+"  |   "+mm[2]+"  |
        "+mm[3]+"  |   "+mm[4]+"  |   "+mm[5]+"  |   "+mm[6])
    print("  "+st[0]+"  |   "+st[1]+"  |   "+st[2]+"  |
        "+st[3]+"  |   "+st[4]+"  |   "+st[5]+"  |   "+st[6])
```

最後，主程式 14-5.py 程式說明如下：

```
# 導入 csv 模組
import csv
# 導入隨機模組
import random
# 從 store.py 導入 Store 類別
from store import Store
# 從 player.py 導入 Player 類別
from player import Player
# 從 chance.py 導入 Chance 類別
from chance import Chance
# 從 fortune.py 導入 Fortune 類別
from fortune import Fortune
# 從 trans_no.py 導入 trans_no 函式
from trans_no import trans_no
# 從 print_board.py 導入 print_board 函式
```

> 導入 import 的使用方式，請參考第八堂課的補充資料。

```python
from print_board import print_board
########################################
# 建立美食商店物件串列 Str
Str = [Store()]
# 動態增加區塊物件到 24 個
for i in range(23):
    Str.append(Store())
# 開啟 csv 檔，編碼方式為 utf8
with open('store.csv', newline='', encoding='utf-8') as csvfile:
    # 將整個檔案資料讀進來放在 rows 裡
    rows = csv.DictReader(csvfile)
    i = 0
    # 將欄位名稱為 Name 和 Money 分開存放，Owner 初始值已為 0 可以不用讀取
    for data in rows:
        Str[i].setName(data['Name'])
        Str[i].setMoney(eval(data['Money']))
        i = i + 1
########################################
# 建立機會物件串列 Ch
Ch = [Chance(), Chance(), Chance(), Chance(), Chance()]
# 開啟 csv 檔，編碼方式為 utf8
with open('chance.csv', newline='', encoding='utf-8') as csvfile:
    # 將整個檔案資料讀進來放在 rows 裡
    rows = csv.DictReader(csvfile)
    i = 0
    # 將欄位名稱為 Description 和 Money 分開存放
    for data in rows:
        Ch[i].setDescription(data['Description'])
        Ch[i].setMoney(eval(data['Money']))
        i = i + 1
########################################
# 建立命運物件串列 Ch
```

```python
Fo = [Fortune(), Fortune(), Fortune(), Fortune(), Fortune()]
# 開啟 csv 檔，編碼方式為 utf8
with open('fortune.csv', newline='', encoding='utf-8') as csvfile:
    # 將整個檔案資料讀進來放在 rows 裡
    rows = csv.DictReader(csvfile)
    i = 0
    # 將欄位名稱為 Description 和 Money 分開存放
    for data in rows:
        Fo[i].setDescription(data['Description'])
        Fo[i].setMoney(eval(data['Money']))
        i = i + 1
#########################################
# 每個區塊目前有哪些玩家停留
state = ["", "", "", "", "", "", "", "", "", "", "", "", "",
         "", "", "", "", "", "", "", "", "", "", ""]
# 地圖中間區域需要描述有 5 列
list_b = ["", "", "", "", ""]
play_no = eval(input(" 請輸入玩家人數："))
# 建立物件 P
P = [Player()]
# 動態增加物件到 P 串列
for i in range(1, play_no):
    P.append(Player())
for i in range(0, play_no):
    # 改變玩家姓名 setName(" 姓名 ")
    P[i].setName(input(" 請輸入玩家姓名："))
    P[i].setID(trans_no(3, i))
# 玩家的索引值
i = 0
# 初始化第一次的 list_b 的顯示
list_b[0] = " 歡迎來到大富翁數位桌遊　遊戲即將開始 "
list_b[1] = " 機會："+"                          "
```

```
list_b[2] = "命運："+"                        "
list_b[3] = ""
for j in range(0,play_no):
    tmp = trans_no(1, P[j].getMoney())
    list_b[3] += tmp
    if j < play_no-1:
        list_b[3] += "    "
list_b[4] = " ＞＞＞請玩家 "+P[i].getID()+" 按ＥＮＴＥＲ鍵擲骰子＜＜＜ "
while True:
    # 針對每個區塊，記錄哪些玩家停留在該區塊
    for k in range(0, 24):
        state[k] = ""
        for j in range(0, play_no):
            if P[j].getPo() == k:
                state[k] += P[j].getID()
            else:
                state[k] += "  "
    # 印製地圖
    print_board(P, Str, state, list_b, play_no)
    # 按 Enter 繼續
    input()
    # 模擬骰子隨機產生點數
    tmp = random.randint(1,6)
    # 移動玩家位置
    P[i].setPo(tmp)
    if P[i].getPo() >= 24:
        P[i].setPo(-24)
    # 骰子點數轉換成全形
    tmp = trans_no(2, tmp)
    list_b[0] = "玩家 "+P[i].getID()+" 的骰子點數為 "+tmp+"，移動到
                "+Str[P[i].getPo()].getName()
    list_b[1] = " 機會："+"                        "
```

```
list_b[2] = " 命運 : "+"                                        "

list_b[3] = ""

for j in range(0,play_no):

    tmp = trans_no(1, P[j].getMoney())

    list_b[3] += tmp

    if j < play_no-1:

        list_b[3] += "    "

# 切換下一位玩家

i = i + 1

if i >= play_no:

    i -= play_no

list_b[4] = " >>>請玩家 "+P[i].getID()+" 按ＥＮＴＥＲ鍵擲骰子<<< "
```

14-5.py 執行結果如下 :

一剛開始輸入玩家人數與玩家姓名。

```
請輸入玩家人數：4
請輸入玩家姓名：Angus
請輸入玩家姓名：Tom
請輸入玩家姓名：David
請輸入玩家姓名：John
```

玩家A：Angus 玩家B：Tom 玩家C：David 玩家D：John

休息一天 0000	呷飽食堂 3500	濟州冰舖 3500	機會 0000	好初乾麵 3500	番薯伯 3500	休息三天 0000
阜宏燒餅 4000						卑南包子 3000
阿達滷味 4000	歡迎來到大富翁數位桌遊　遊戲即將開始 機會：					叮哥茶飲 3000
命運 0000	命運：					命運 0000
老東台 4000	玩　家　Ａ 20000	玩　家　Ｂ 20000	玩　家　Ｃ 20000	玩　家　Ｄ 20000		楊記地瓜 3000
刈一圓堡 4000	>>>請玩家Ａ按ＥＮＴＥＲ鍵擲骰子<<<					湯蒸火鍋 3000
開始 0000 ＡＢＣＤ	藍蜻蜓 2000	阿鋐炸雞 2000	機會 0000	榕樹下 2000	林家 2000	休息一天 0000

圖 14-5　執行畫面

玩家 A 按下 Enter 鍵開始擲骰子並移動到定位，畫面上並提示玩家 B 準備按 Enter 鍵擲骰子。

玩家A：Angus　玩家B：Tom　玩家C：David　玩家D：John

休息一天 0000	呷飽食堂 3500	濟州冰舖 3500	機會 0000	好初乾麵 3500	番薯伯 3500	休息三天 0000
阜宏燒餅 4000						卑南包子 3000
阿達滷味 4000						叮哥茶飲 3000
命運 0000						命運 0000
老東台 4000						楊記地瓜 3000
刈一圓堡 4000						湯蒸火鍋 3000
開始 0000 BCD	藍蜻蜓 2000	阿鎹炸雞 2000	機會 0000 A	榕樹下 2000	林家 2000	休息一天 0000

中央區內文字：
玩家A的骰子點數為3，移動到 機會
機會：走在路上撿到１００元
命運：
玩 家 A　玩 家 B　玩 家 C　玩 家 D
20100　　20000　　20000　　20000
＞＞＞請玩家B按ＥＮＴＥＲ鍵擲骰子＜＜＜

圖 14-6　玩家 A 移動結果

接著，換玩家 B 按下 Enter 鍵開始擲骰子並移動到定位，畫面上並提示玩家 C 準備按 Enter 鍵擲骰子，以此方式持續進行。

玩家A：Angus　玩家B：Tom　玩家C：David　玩家D：John

休息一天 0000	呷飽食堂 3500	濟州冰舖 3500	機會 0000	好初乾麵 3500	番薯伯 3500	休息三天 0000
阜宏燒餅 4000						卑南包子 3000
阿達滷味 4000						叮哥茶飲 3000
命運 0000						命運 0000
老東台 4000						楊記地瓜 3000
刈一圓堡 4000						湯蒸火鍋 3000
開始 0000 CD	藍蜻蜓 2000	阿鎹炸雞B 2000 B	機會 0000 A	榕樹下 2000	林家 2000	休息一天 0000

玩家B的骰子點數為2，移動到阿鎹炸雞
機會：
命運：
玩 家 A　玩 家 B　玩 家 C　玩 家 D
20100　　18000　　20000　　20000
＞＞＞請玩家C按ＥＮＴＥＲ鍵擲骰子＜＜＜

圖 14-7　玩家 B 移動結果

在這一堂課，我們完成大富翁地圖的印製，並把所有的類別定義與函式定義存放在外部不同的檔案上，讓主要的程式要使用時直接導入即可。印製地圖算是最耗時間與最費精力的，因為需要慢慢去計算相關的位置及要呈現字數的多寡，還要對其排列整張地圖，且還有半形字體寬度不一致的問題。不過，在這一堂課裡，我們都一一完成並已成功設計出來。另外，除了透過文字模式來輸出大富翁地圖外，Python 還提供了不錯的圖形化使用者介面（GUI，Graphical User Interface）讓使用者使用。在接下來的課程，將進行所有程式的整合與測試，讓大富翁桌遊數位化可以順利呈現並進行遊戲。

課後練習

1. 程式設計時，若同一件事一直被重複執行，為了未來方便撰寫與維護，我們通常會用何種設計方式來進行設計？
2. 請描述定義函式的語法。
3. 使用函式的優點為何？
4. 何謂全域變數、何謂區域變數？
5. 字典 dict 的處理方式有哪四種常用方法？

Python 補充資料

函式的定義與使用

* 函式的定義是用 **def** 關鍵字當開始，下方的敘述必須向右縮排至少一個空白並對齊，這樣才可以知道這些敘述是在該 **def** 的區塊內。

* 優點

  ♦ 可以重複使用；

  ♦ 可以讓程式更精簡，好維護、可讀性高；

  ♦ 個別完成函式內容，因為有特定性功能會相對單純、好撰寫。

* 參數傳遞方式

  ♦ 傳值呼叫：傳遞參數的數值給函式去進行運作，但函式在處理的過程中並無法改變參數的值。

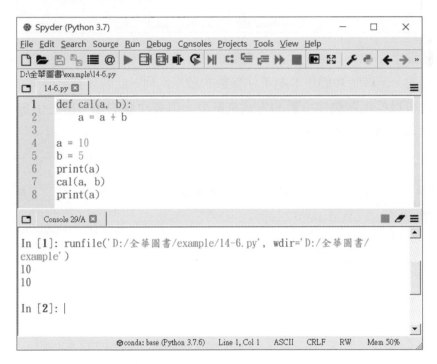

  ♦ 傳址呼叫：呼叫函式時，參數的傳遞式將參數的位址傳遞過去，因此在進行運算時，會去改變到參數在該位置裡的數值。常見的如串列就是用傳址的方式在處理。

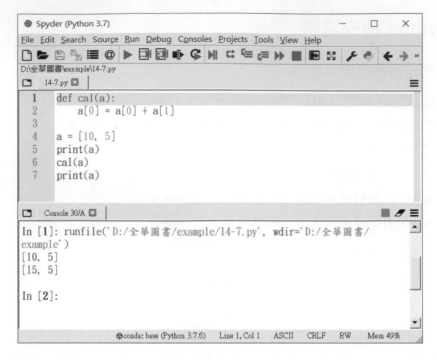

❋ 關鍵字引數:原則上,函式參數的使用是根據參數定義時的前後順序來對
應的,但有時我們根本記不住參數的順序為何。此時,若記得參數的名稱,
就可以採用關鍵字引數的方式來區分,但要注意的是,位置引數要放在關
鍵字引數前面才行。

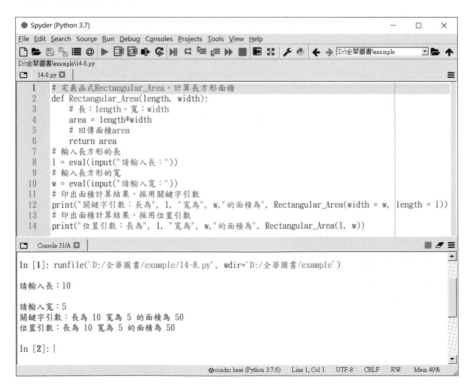

❋ 全域變數與區域變數
　　◆ 全域變數：所有的敘述都可以存取到這個變數，並做相關運算使用，這樣的變數就是全域變數。
　　◆ 區域變數：函式內定義的變數，其主要的使用範圍就在這個函式裡，函式以外的程式敘述式無法使用的變數稱為區域變數。

tuple 序對使用

❋ 由一連串的資料所組合而成，有其順序且資料內容是不可以改變的。
❋ 序對的前後用小括號 ( ) 標示，裡面資料的分隔是用逗號隔開。
❋ 序對裡的資料可以是不同的型別類型。
❋ 序對處理方法
　　◆ index(a)：回傳參數 a 在序對裡找到的第一個位置。

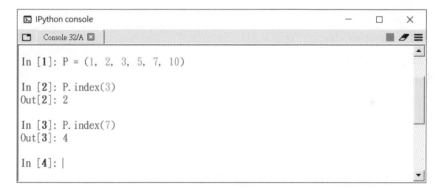

　　◆ count(a)：回傳參數 a 在序對裡的個數。

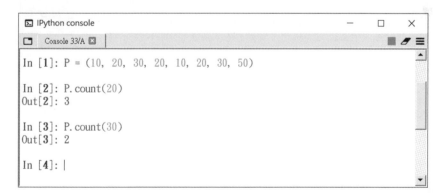

▍dict 字典使用

* 由一連串資料所組成,沒有順序、沒有重複,且可改變資料內容。
* 字典的前後用大括號 { } 標示,裡面資料的分隔是用逗號隔開。
* 字典裡的每一對資料內容是採用 key:value 的方式成對顯示。其中,key 可以是字串、數值或 tuple 等資料;value 則沒有限制;key 和 value 之間要用冒號(:)來隔開。
* key 的資料需要唯一,若同時有相同的 key 被建立,則只會記住後面那一組。
* key 的資料建立後不可以改變,但 value 的資料是可以變動的。
* 字典的作用就是透過 key 找到想要的 value 資料。
* 字典處理方法
    ♦ 建立

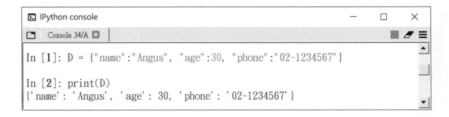

```
In [1]: D = {"name":"Angus", "age":30, "phone":"02-1234567"}

In [2]: print(D)
{'name': 'Angus', 'age': 30, 'phone': '02-1234567'}
```

    ♦ 查詢
      利用 key 去尋找所需的 value 資料。

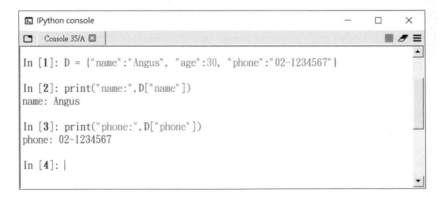

```
In [1]: D = {"name":"Angus", "age":30, "phone":"02-1234567"}

In [2]: print("name:",D["name"])
name: Angus

In [3]: print("phone:",D["phone"])
phone: 02-1234567

In [4]:
```

    ♦ 修改
      D[key] = value:將字典 D 的 key 所對應到的值改變成 value。注意:原本若沒有這個 key 的資料,則會變成新增。

```
IPython console                                    —  □  ×
Console 36/A ▣
In [1]: D = {"name":"Angus", "age":30, "phone":"02-1234567"}

In [2]: D["age"]=50

In [3]: D["phone"]="0912345678"

In [4]: print(D)
{'name': 'Angus', 'age': 50, 'phone': '0912345678'}

In [5]: D["school"]="國立台北商業大學"

In [6]: print(D)
{'name': 'Angus', 'age': 50, 'phone': '0912345678', 'school': '國立台北商業大學'}

In [7]:
```

◆ 刪除

del D[key]：刪除字典 D 裡該 key 的成對資料。

D.clear()：清除字典 D 裡所有的資料。

del D：刪除字典 D。

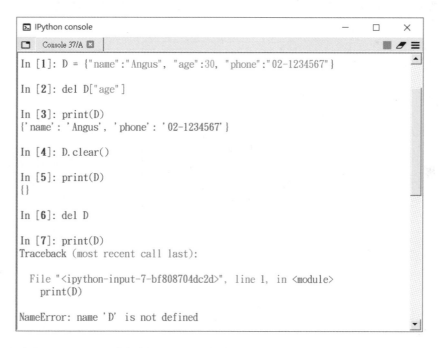

```
IPython console                                    —  □  ×
Console 37/A ▣
In [1]: D = {"name":"Angus", "age":30, "phone":"02-1234567"}

In [2]: del D["age"]

In [3]: print(D)
{'name': 'Angus', 'phone': '02-1234567'}

In [4]: D.clear()

In [5]: print(D)
{}

In [6]: del D

In [7]: print(D)
Traceback (most recent call last):

  File "<ipython-input-7-bf808704dc2d>", line 1, in <module>
    print(D)

NameError: name 'D' is not defined
```

❉ 內文裡用 tuple 序對結構進行的設計，也可以用 dict 字典來設計哦！

▌ GUI 使用者介面

Python 的跨平台 GUI 套件 tkinter（Tool Kit Interface 的簡寫），是一套功能齊全且在安裝 Python 時就一併安裝在電腦系統裡了。使用的方式如下：

* 透過 **import** 指令進行導入即可，語法為 **from** tkinter **import** *。
* 建立一個空白的視窗，可以寫成

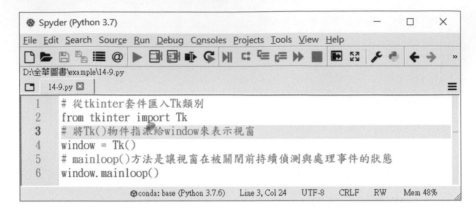

執行結果如下：

✽ 建立一個寬 300、高 100，且名稱為「我的第一個視窗」的視窗，處理方式如下：

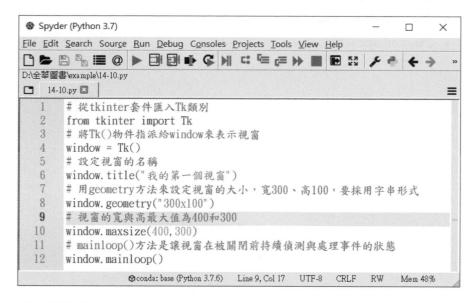

執行結果如下：

✽ 若要在視窗上放置 GUI 元件，幾種常用的元件如下所示：

- ♦ Frame：視窗區域
- ♦ LabelFrame：標籤式視窗區域
- ♦ Label：文字標籤
- ♦ Entry：文字方塊
- ♦ Text：文字區域
- ♦ Button：按鈕
- ♦ CheckButton：核取按鈕
- ♦ RadioButton：選項按鈕
- ♦ Listbox：清單方塊
- ♦ Menu：功能表
- ♦ MenuButton：功能表按鈕
- ♦ Scrollbar：捲軸

- ◆ Scale：滑桿
- ◆ Spinbox：調整鈕
- ◆ MessageBox：對話方塊
- ◆ PhotoImage：圖形

第 **15** 堂課

整合與測試

Lv2

在第二部分上機實作內容裡，已經完成了大富翁數位化所需的分析、設計與程式撰寫，也都一一測試每個階段、每個模組、每個函式、每個類別與物件的使用都正確無誤。也就是說，在程式撰寫與軟體測試的過程中，我們完成了各單元的程式撰寫與測試的工作，確認每個單元是符合當初設計所需的。現在，就需要進行系統整合，將所有單元、模組及所需的程式，根據流程步驟的順序一一串接起來，過程中並進行各種可能的測試以驗證其正確性。

因此，回到最初的流程步驟，並標示出各步驟是在哪些課程分析的，以利我們可以回到各單元，將當初的程式擷取並進行合併整合，如下所示：

⭐ 流程步驟

```
        # 第八堂課
1    輸入玩家人數 n
2    每人領取 20000 元
3    每人選取一個專屬公仔
4    i = 1
     while True:
            # 第十四堂課
5           印出大富翁地圖
            # 第八堂課
6           擲骰子，得到點數
7           根據點數移到定位
            # 第十堂課
8           # 開始（起點）模組
            # 第十一堂課
9           # 角落模組
            # 第十二堂課
10          # 機會模組
11          # 命運模組
            # 第十三堂課
12          # 主題區塊（美食商店）模組
            # 第八堂課
13          # 破產處理
14          i = i + 1
15          if i > n:
                    i = 1
16          if 只剩一個玩家：
                    break
```

大富翁數位化系統整合的部分，大家可以參考的程式分別為：

* 第八堂課的 8-10.py
* 第十堂課的 10-2.py
* 第十一堂課的 11-2.py
* 第十二堂課的 12-2.py
* 第十三堂課的 13-3.py
* 第十四堂課的 14-5.py

原則上，把這些 Python 程式裡 while True: 裡面的內容複製出來，並照著步驟的順序貼上，先確認步驟的前後順序沒有問題。接著，需要統一相關變數名稱，尤其是程式裡若有玩家沒錢了，就會從玩家串列 alive 移除破產的玩家。因此，就需透過 alive 串列去記錄還有多少玩家在玩。

另外，還要將 player.py 進行修改來記錄玩家在角落的休息天數，也就是說，需要多定義玩家的 setRest_day() 和 getRest_day() 的資料。最後，player.py 定義玩家類別最後內容如下所示：

```python
# 定義玩家類別，名稱為 Player
class Player:
    # 初始化 name = Player、位置 po 為 0、ID 為 I、money = 20000、
    #           rest_day = 0
    def __init__(self, name = "Player", po = 0, pid = "I",
                    money = 20000, rest_day = 0):
        self.__name = name
        self.__po = po
        self.__id = pid
        self.__money = money
        self.__rest_day = rest_day
    # 設定姓名 setName、讀取姓名 getName
    def setName(self, name):
        self.__name = name
    def getName(self):
        return self.__name
    # 設定位置 setPo、讀取位置 getPo
    def setPo(self, move):
```

```
        self.__po += move
    def getPo(self):
        return self.__po
# 設定金額 setID、讀取金額 getID
    def setID(self, pid):
        self.__id = pid
    def getID(self):
        return self.__id
# 設定金額 setMoney、讀取金額 getMoney
    def setMoney(self, add):
        self.__money += add
    def getMoney(self):
        return self.__money
# 設定被迫休息 setRest_day、讀取被迫休息 getRest_day
    def setRest_day(self, day):
        self.__rest_day = day
    def getRest_day(self):
        return self.__rest_day
```

多了這個參數記錄玩家停留在角落的資料後，就需要同步再修改判斷以下的問題：

* 當其他玩家移動到的美食商店，若其擁有者還處於停留在角落（休息中）的狀態時，則不需支付美食費用，只需支付銀行的 100 元。這部分需要額外調整步驟 12.2 的判斷，其修改內容如下：

```
# 步驟 12.2：別人的商店
if Str[P[alive[i]-1].getPo()].getOwner() != i and
Str[P[alive[i]-1].getPo()].getOwner() != -1:
        # 如果擁有者在角落，則只需付 100 給銀行
        if P[Str[P[alive[i]-1].getPo()].getOwner()].
                                    getRest_day() == 0:
            # 擁有者不在角落
            # 計算需支付的金額
```

```
                pay = Str[P[alive[i]-1].getPo()].getMoney()/10
                # 計算美食商店擁有者的金額
                P[Str[P[alive[i]-1].getPo()].getOwner()].setMoney(pay)
                # 計算玩家的金額
                P[alive[i]-1].setMoney(-100-pay)
            else:
                # 擁有者在角落
                P[alive[i]-1].setMoney(-100)
```

✱ 若輪到即將擲骰子的玩家還處於停留在角落的狀態時，則須直接跳過，通知下一位玩家擲骰子。這部分需要調整修改步驟 15，其修改內容如下：

```
while True:
    # 步驟 15
    if i >= len(alive):
        i = 0
    # 若接下來玩家還需要休息，則再換下一位
    if P[alive[i]-1].getRest_day() > 0:
        P[alive[i]-1].setRest_day(P[alive[i]-1].getRest_day()-1)
        i += 1
    else:
        break
```

另外，當玩家破產時，玩家原先購買的美食商店都要無償贈與給銀行，因此美食商店將重新設定「無」擁有者，這部分則需要修改步驟 13 的破產處理，修改內容如下：

```
# 步驟 13：破產處理
if P[alive[i]-1].getMoney() < 0:
    list_b[0] = "　玩家 "+P[alive[i]-1].getID()+" 移動到
            "+Str[P[alive[i]-1].getPo()].getName()",
            已破產　　"
    P[alive[i]-1].setPo(-P[alive[i]-1].getPo()-1)
    for j in range(24):
        if Str[j].getOwner() == (alive[i]-1):
```

```
            Str[j].setOwner(-1)
    del alive[i]
else:
    # 步驟 14
    i += 1
```

還有，若最後玩家都陸續破產，只剩一位玩家時，需要針對遊戲結束的判斷進行修改調整，這部分將修改到步驟 16 的顯示與判斷。

```
# 步驟 16
# 若只剩一位玩家，則結束遊戲
if len(alive) == 1:
    # 最後剩餘一位玩家的地圖印製
    print_board(P, Str, state, list_b, play_no)
    break
```

最後，將所有步驟經過前面的說明與調整過後，整合出最終的程式 15-1.py，其程式說明如下：

```
# 導入 csv 模組
import csv
# 導入隨機模組
import random
# 從 store.py 導入 Store 類別
from store import Store
# 從 player.py 導入 Player 類別
from player import Player
# 從 chance.py 導入 Chance 類別
from chance import Chance
# 從 fortune.py 導入 Fortune 類別
from fortune import Fortune
# 從 trans_no.py 導入 trans_no 函式
from trans_no import trans_no
# 從 print_board.py 導入 print_board 函式
```

```python
from print_board import print_board
########################################
# 建立美食商店物件串列 Str
Str = [Store()]
# 動態增加區塊物件到 24 個
for i in range(23):
    Str.append(Store())
# 開啟 csv 檔，編碼方式為 utf8
with open('store.csv', newline='', encoding='utf-8') as csvfile:
    # 將整個檔案資料讀進來放在 rows 裡
    rows = csv.DictReader(csvfile)
    i = 0
    # 將欄位名稱為 Name 和 Money 分開存放，Owner 初始值已為 0 可以不用讀取
    for data in rows:
        Str[i].setName(data['Name'])
        Str[i].setMoney(eval(data['Money']))
        i = i + 1
########################################
# 建立機會物件串列 Ch
Ch = [Chance(), Chance(), Chance(), Chance(), Chance()]
# 開啟 csv 檔，編碼方式為 utf8
with open('chance.csv', newline='', encoding='utf-8') as csvfile:
    # 將整個檔案資料讀進來放在 rows 裡
    rows = csv.DictReader(csvfile)
    i = 0
    # 將欄位名稱為 Description 和 Money 分開存放
    for data in rows:
        Ch[i].setDescription(data['Description'])
        Ch[i].setMoney(eval(data['Money']))
        i = i + 1
########################################
# 建立命運物件串列 Ch
```

```python
Fo = [Fortune(), Fortune(), Fortune(), Fortune(), Fortune()]
# 開啟 csv 檔，編碼方式為 utf8
with open('fortune.csv', newline='', encoding='utf-8') as csvfile:
    # 將整個檔案資料讀進來放在 rows 裡
    rows = csv.DictReader(csvfile)
    i = 0
    # 將欄位名稱為 Description 和 Money 分開存放
    for data in rows:
        Fo[i].setDescription(data['Description'])
        Fo[i].setMoney(eval(data['Money']))
        i = i + 1
#########################################
# 美食商店的區塊位置
store_list = [1, 2, 4, 5, 7, 8, 10, 11, 13, 14, 16, 17, 19, 20, 22, 23]
# 每個區塊目前有哪些玩家停留
state = ["", "", "", "", "", "", "", "", "", "", "", "", "",
         "", "", "", "", "", "", "", "", "", "", ""]
# 地圖中間區域需要描述有 5 列
list_b = ["", "", "", "", ""]
play_no = eval(input(" 請輸入玩家人數："))
# 建立物件 P
P = [Player()]
# 動態增加物件到 P 串列
for i in range(1, play_no):
    P.append(Player())
for i in range(0, play_no):
    # 改變玩家姓名 setName(" 姓名 ")
    P[i].setName(input(" 請輸入玩家姓名："))
    P[i].setID(trans_no(3, i))
# alive 記錄未破產的玩家編號 1, 2, 3, 4
alive = [1]
for i in range(2, play_no+1):
```

```
        alive.append(i)
# 玩家的索引值
i = 0
# 初始化第一次的 list_b 的顯示
list_b[0] = " 歡迎來到大富翁數位桌遊　遊戲即將開始 "
list_b[1] = " 機會："+"                    "
list_b[2] = " 命運："+"                     "
list_b[3] = ""
for j in range(0,play_no):
    tmp = trans_no(1, P[j].getMoney())
    list_b[3] += tmp
    if j < play_no-1:
        list_b[3] += "     "
list_b[4] = " ＞＞＞請玩家 "+P[i].getID()+" 按ＥＮＴＥＲ鍵擲骰子＜＜＜ "
while True:
    # 針對每個區塊，記錄哪些玩家停留在該區塊
    for k in range(0, 24):
        state[k] = ""
        for j in range(0, play_no):
            if P[j].getPo() == k:
                state[k] += P[j].getID()
            else:
                state[k] += "  "
    # 步驟 5：印製地圖
    print_board(P, Str, state, list_b, play_no)
    # 按 Enter 繼續
    input()
    # 步驟 6：模擬骰子隨機產生點數
    tmp = random.randint(1,6)
    # 步驟 7：移動玩家位置
    P[alive[i]-1].setPo(tmp)
    # 步驟 8：開始（起點）模組
```

```python
if P[alive[i]-1].getPo() >= 24:
    P[alive[i]-1].setPo(-24)
    P[alive[i]-1].setMoney(2000)
# 步驟 9：角落模組
if P[alive[i]-1].getPo() == 6 or P[alive[i]-1].getPo() == 18:
    P[alive[i]-1].setRest_day(1)
if P[alive[i]-1].getPo() == 12:
    P[alive[i]-1].setRest_day(3)
# 步驟 10：機會模組
list_b[1] = " 機會："+"                    "
if P[alive[i]-1].getPo() == 3 or P[alive[i]-1].getPo() == 15:
    # 隨機一張機會卡
    rand = random.randint(0,4)
    list_b[1] = " 機會："+Ch[rand].getDescription()
    P[alive[i]-1].setMoney(Ch[rand].getMoney())
else:
    list_b[1] = " 機會："+"                    "
# 步驟 11：命運模組
if P[alive[i]-1].getPo() == 9 or P[alive[i]-1].getPo() == 21:
    # 隨機一張命運卡
    rand = random.randint(0,4)
    list_b[2] = " 命運："+Fo[rand].getDescription()
    P[alive[i]-1].setMoney(Fo[rand].getMoney())
else:
    list_b[2] = " 命運："+"                    "
# 步驟 12：主題區塊模組
if P[alive[i]-1].getPo() in store_list:
    # 步驟 12.1：自己的商店
    if Str[P[alive[i]-1].getPo()].getOwner() == i:
        pass
        # Nothing to do
    # 步驟 12.2：別人的商店
```

```python
        if Str[P[alive[i]-1].getPo()].getOwner() != i and
            Str[P[alive[i]-1].getPo()].getOwner() != -1:
            # 如果擁有者在角落，則只需付 100 給銀行
            if P[Str[P[alive[i]-1].getPo()].getOwner()].
                                        getRest_day() == 0:
                # 擁有者不在角落
                # 計算需支付的金額
                pay = Str[P[alive[i]-1].getPo()].getMoney()/10
                # 計算美食商店擁有者的金額
                P[Str[P[alive[i]-1].getPo()].getOwner()].
                                        setMoney(pay)
                # 計算玩家的金額
                P[alive[i]-1].setMoney(-100-pay)
            else:
                # 擁有者在角落
                P[alive[i]-1].setMoney(-100)
        # 步驟 12.3：無人的商店
        if Str[P[alive[i]-1].getPo()].getOwner() == -1:
            if P[alive[i]-1].getMoney() >= Str[P[alive[i]-1].
                                        getPo()].getMoney():
                print("要花金額 ", Str[P[alive[i]-1].getPo()].
                                        getMoney(), "買下 ",
                        Str[P[alive[i]-1].getPo()].getName(),
                                        "的經營權嗎 (Y/N) ？ ")
                ans = input()
                if ans == 'Y' or ans == 'y':
                    # 計算玩家購買經營權後的金額
                    P[alive[i]-1].setMoney(-1*Str[P[alive[i]-1].
                                        getPo()].getMoney())
                    Str[P[alive[i]-1].getPo()].setOwner(alive[i]-1)
# 骰子點數轉換成全形
tmp = trans_no(2, tmp)
```

```
list_b[0] = " 玩家 "+P[alive[i]-1].getID()+" 的骰子點數為 "+tmp+
    "，移動到 "+Str[P[alive[i]-1].getPo()].getName()
list_b[3] = ""
for j in range(0,play_no):
    if P[j].getMoney() >= 0:
        tmp = trans_no(1, P[j].getMoney())
    else:
        tmp = "已　破　產"
    list_b[3] += tmp
    if j < play_no-1:
        list_b[3] += "    "
# 步驟 13：破產處理
if P[alive[i]-1].getMoney() < 0:
    list_b[0] = "    玩家 "+P[alive[i]-1].getID()+" 移動到 "+
        Str[P[alive[i]-1].getPo()].getName()+"，已破產    "
    P[alive[i]-1].setPo(-P[alive[i]-1].getPo()-1)
    for j in range(24):
        if Str[j].getOwner() == (alive[i]-1):
            Str[j].setOwner(-1)
    del alive[i]
else:
    # 步驟 14
    i += 1
while True:
    # 步驟 15
    if i >= len(alive):
        i = 0
    # 若接下來玩家還需要休息，則再換下一位
    if P[alive[i]-1].getRest_day() > 0:
        P[alive[i]-1].setRest_day(P[alive[i]-1].
                                    getRest_day()-1)
        i += 1
```

```
        else:
            break
list_b[4] = " ＞＞＞請玩家 "+P[alive[i]-1].getID()+
            " 按ＥＮＴＥＲ鍵擲骰子＜＜＜ "
# 步驟16
# 若只剩一位玩家，則結束遊戲
if len(alive) == 1:
    # 最後剩餘一位玩家的地圖印製
    print_board(P, Str, state, list_b, play_no)
    break
```

　　經過這一系列的流程步驟分析與設計，大家應該會發現，最終程式的撰寫並沒有那麼困難，只要將步驟流程整個都架構完成，骨架清楚後，再一步一步去完成細部的內容，相信會很有系統地完成整個大富翁桌遊數位化所需的所有程式。在這一堂課，完成了整個系統的整合與測試，其結果也都符合先前紙本桌遊設計的規則與需求。在最後一堂課，將會透過這樣的學習過程，來展示最終的結果，並討論未來的可能學習模式。

課後練習

1. 系統完成後，要進行整合與測試，其用意為何？

Note

第 **16** 堂課

成果展示與討論

前面已經完成了大富翁桌遊數位化的所有工作，整合出一套可運作的遊戲。接下來，可以透過畫面來感受一下整個操作的過程與成果。

首先，先輸入玩家人數及玩家姓名。

```
請輸入玩家人數：4
請輸入玩家姓名：Angus
請輸入玩家姓名：Tom
請輸入玩家姓名：David
請輸入玩家姓名：John
```

圖 16-1　輸入玩家資訊

完成後，畫面顯示目前四位玩家的金額都是 20,000 元當開始，且每個區塊顯示著美食商店名稱或機會、命運等，下方也顯示該美食商店的經營權金額，以及目前四位玩家的位置在開始的地方。最後，提醒玩家 A 可以準備按下 ENTER 鍵來擲骰子。

```
玩家A：Angus　玩家B：Tom　玩家C：David　玩家D：John

休息一天　呷飽食堂　濟州冰舖　機會　好初乾麵　番薯伯　休息三天
0 0 0 0 　 3 5 0 0 　 3 5 0 0 　0 0 0 0　 3 5 0 0 　 3 5 0 0 　0 0 0 0

阜宏燒餅                                                   卑南包子
4 0 0 0                                                   3 0 0 0
            歡迎來到大富翁數位桌遊　遊戲即將開始
阿達滷味                                                   叮哥茶飲
4 0 0 0      機會：                                        3 0 0 0

命運                                                       命運
0 0 0 0      命運：                                        0 0 0 0

老東台      玩 家 A    玩 家 B    玩 家 C    玩 家 D     楊記地瓜
4 0 0 0     2 0 0 0 0  2 0 0 0 0  2 0 0 0 0  2 0 0 0 0    3 0 0 0

刈一圓堡                                                   湯蒸火鍋
4 0 0 0      ＞＞＞請玩家A按ＥＮＴＥＲ鍵擲骰子＜＜＜         3 0 0 0

開始　藍蜻蜓　阿鎰炸雞　機會　榕樹下　林家　休息一天
0 0 0 0 　 2 0 0 0 　 2 0 0 0 　0 0 0 0　 2 0 0 0 　 2 0 0 0 　0 0 0 0
A B C D
```

圖 16-2　大富翁初始地圖

當玩家 A 按下 ENTER 鍵後，畫面中間顯示骰子點數為 3，然後可以看到玩家 A 已經移動到「機會」的位置。此時，玩家 A 隨機抽一張機會卡，內容為「走在路上撿到 100 元」，同時間，玩家 A 的金額從 20,000 元變成 20,100 元。接著換玩家 B 按下 ENTER 鍵擲骰子。

玩家A：Angus　玩家B：Tom　玩家C：David　玩家D：John

休息一天 0000	呷飽食堂 3500	濟州冰舖 3500	機會 0000	好初乾麵 3500	番薯伯 3500	休息三天 0000

阜宏燒餅 4000　　　　　　　　　　　　　　　　　　　　卑南包子 3000

　　　玩家A的骰子點數為3，移動到　機會

阿達滷味 4000　　　　　　　　　　　　　　　　　　　　叮哥茶飲 3000

　　　機會：走在路上撿到100元

命運 0000　　　命運：　　　　　　　　　　　　　　　命運 0000

老東台 4000　　玩家　A　　玩家　B　　玩家　C　　玩家　D　　楊記地瓜 3000
　　　　　　　20100　　20000　　20000　　20000

刈一圓堡 4000　　　　　　　　　　　　　　　　　　　　湯蒸火鍋 3000

　　　>>>請玩家B按ENTER鍵擲骰子<<<

開始 0000 BCD	藍蜻蜓 2000	阿鋐炸雞 2000	機會 0000 A	榕樹下 2000	林家 2000	休息一天 0000

圖 16-3　玩家 A 移動結果

　　當玩家 B 按下 ENTER 鍵後，系統提醒會來到「阿鋐炸雞」的區塊，並詢問是否要購買此美食商店的經營權。若要，則需要支付 2,000 元。

玩家A：Angus　玩家B：Tom　玩家C：David　玩家D：John

休息一天 0000	呷飽食堂 3500	濟州冰舖 3500	機會 0000	好初乾麵 3500	番薯伯 3500	休息三天 0000

阜宏燒餅 4000　　　　　　　　　　　　　　　　　　　　卑南包子 3000

　　　玩家A的骰子點數為3，移動到　機會

阿達滷味 4000　　　　　　　　　　　　　　　　　　　　叮哥茶飲 3000

　　　機會：走在路上撿到100元

命運 0000　　　命運：　　　　　　　　　　　　　　　命運 0000

老東台 4000　　玩家　A　　玩家　B　　玩家　C　　玩家　D　　楊記地瓜 3000
　　　　　　　20100　　20000　　20000　　20000

刈一圓堡 4000　　　　　　　　　　　　　　　　　　　　湯蒸火鍋 3000

　　　>>>請玩家B按ENTER鍵擲骰子<<<

開始 0000 BCD	藍蜻蜓 2000	阿鋐炸雞 2000	機會 0000 A	榕樹下 2000	林家 2000	休息一天 0000

要花金額 2000 買下 阿鋐炸雞 的經營權嗎(Y/N)？

圖 16-4　詢問是否購買

　　當玩家 B 按下 Y 後，則可以看到「阿鋐炸雞」區塊的右上角顯示了一個 B，代表這個區塊已經是玩家 B 所擁有的了，同時玩家 B 的金額因為支付 2,000 元去購買「阿鋐炸雞」，金額從 20,000 元變成 18,000 元。接著，畫面提醒玩家 C 按下 ENTER 鍵擲骰子。

玩家A：Angus　玩家B：Tom　玩家C：David　玩家D：John

休息一天 0 0 0 0	呷飽食堂 3 5 0 0	濟州冰舖 3 5 0 0	機會 0 0 0 0	好初乾麵 3 5 0 0	番薯伯 3 5 0 0	休息三天 0 0 0 0
阜宏燒餅 4 0 0 0						卑南包子 3 0 0 0
		玩家B的骰子點數為2，移動到阿鋐炸雞				
阿達滷味 4 0 0 0		機會：				叮哥茶飲 3 0 0 0
命運 0 0 0 0		命運：				命運 0 0 0 0
老東台 4 0 0 0		玩家 A　玩家 B　玩家 C　玩家 D 2 0 1 0 0　1 8 0 0 0　2 0 0 0 0　2 0 0 0 0				楊記地瓜 3 0 0 0
刈一圓堡 4 0 0 0		＞＞＞請玩家C按ＥＮＴＥＲ鍵擲骰子＜＜＜				湯蒸火鍋 3 0 0 0
開始 0 0 0 0 C D	藍蜻蜓 2 0 0 0	阿鋐炸雞B 2 0 0 0 B	機會 0 0 0 0 A	榕樹下 2 0 0 0	林家 2 0 0 0	休息一天 0 0 0 0

圖 16-5　玩家 B 移動結果

當玩家 C 按下 ENTER 鍵後，來到了「林家」美食商店，並同意支付 2,000 元買下「林家」美食商店的經營權。因此，可以看到「林家」區塊的右上角顯示了一個 C，代表這個區塊已經是玩家 C 所擁有的了。在畫面上，也可以看到玩家 C 的金額已經從 20,000 元變成 18,000 元。

玩家A：Angus　玩家B：Tom　玩家C：David　玩家D：John

休息一天 0 0 0 0	呷飽食堂 3 5 0 0	濟州冰舖 3 5 0 0	機會 0 0 0 0	好初乾麵 3 5 0 0	番薯伯 3 5 0 0	休息三天 0 0 0 0
阜宏燒餅 4 0 0 0						卑南包子 3 0 0 0
		玩家C的骰子點數為5，移動到　林家				
阿達滷味 4 0 0 0		機會：				叮哥茶飲 3 0 0 0
命運 0 0 0 0		命運：				命運 0 0 0 0
老東台 4 0 0 0		玩家 A　玩家 B　玩家 C　玩家 D 2 0 1 0 0　1 8 0 0 0　1 8 0 0 0　2 0 0 0 0				楊記地瓜 3 0 0 0
刈一圓堡 4 0 0 0		＞＞＞請玩家D按ＥＮＴＥＲ鍵擲骰子＜＜＜				湯蒸火鍋 3 0 0 0
開始 0 0 0 0 D	藍蜻蜓 2 0 0 0	阿鋐炸雞B 2 0 0 0 B	機會 0 0 0 0 A	榕樹下 2 0 0 0	林家　C 2 0 0 0 C	休息一天 0 0 0 0

圖 16-6　玩家 C 移動結果

　　輪到玩家 D，來到了「阿鋐炸雞」這家美食商店，且可以知道該商店的擁有者為玩家 B。因此，玩家 D 需要支付美食費用 200 元（經營權的十分之一）給玩家 B 及支付 100 元出差費給銀行，最後玩家 D 的金額從 20,000 元變為 19,700 元，而玩家 B 從原先的 18,000 元增加到 18,200 元。

```
玩家A：Angus   玩家B：Tom   玩家C：David   玩家D：John

 休息一天    呷飽食堂    濟州冰舖     機會     好初乾麵    番薯伯    休息三天
  0000      3500       3500      0000      3500       3500      0000

 阜宏燒餅                                                           卑南包子
  4000              玩家D的骰子點數為2，移動到阿鋐炸雞                 3000

 阿達滷味                                                           叮哥茶飲
  4000              機會：                                          3000

 命運                命運：                                        命運
  0000                                                            0000

 老東台              玩家 A    玩家 B    玩家 C    玩家 D           楊記地瓜
  4000             20100    18200    18000    19700             3000

 刈一圓堡                                                          湯蒸火鍋
  4000              >>>請玩家A按ＥＮＴＥＲ鍵擲骰子<<<                3000

 開始       藍蜻蜓    阿鋐炸雞B    機會      榕樹下     林家  C    休息一天
  0000      2000      2000       0000      2000      2000        0000
                      B  D        A                     C
```

圖 16-7　玩家 D 移動結果

　　又輪回到玩家 A 與玩家 B，結果兩位玩家都來到了「休息一天」的區塊。因此，等一下可以看看兩位玩家是否有跳過一次擲骰子的機會。

```
玩家A：Angus   玩家B：Tom   玩家C：David   玩家D：John

 休息一天    呷飽食堂    濟州冰舖     機會     好初乾麵    番薯伯    休息三天
  0000      3500       3500      0000      3500       3500      0000

 阜宏燒餅                                                           卑南包子
  4000              玩家B的骰子點數為4，移動到休息一天                3000

 阿達滷味                                                           叮哥茶飲
  4000              機會：                                          3000

 命運                命運：                                        命運
  0000                                                            0000

 老東台              玩家 A    玩家 B    玩家 C    玩家 D           楊記地瓜
  4000             20100    18200    18000    19700             3000

 刈一圓堡                                                          湯蒸火鍋
  4000              >>>請玩家C按ＥＮＴＥＲ鍵擲骰子<<<                3000

 開始       藍蜻蜓    阿鋐炸雞B    機會      榕樹下     林家  C    休息一天
  0000      2000      2000       0000      2000      2000        0000
                       D                                 C       AB
```

圖 16-8　玩家 A 和 B 皆停留在角落

此時，玩家 C 來到了「命運」區塊，因為汽機車加油支付了 2,000 元，使得金額從原先的 18,000 元減少到 16,000 元。

玩家A：Angus　玩家B：Tom　玩家C：David　玩家D：John

休息一天 0000	呷飽食堂 3500	濟州冰舖 3500	機會 0000	好初乾麵 3500	番薯伯 3500	休息三天 0000
阜宏燒餅 4000						卑南包子 3000
阿達滷味 4000	玩家C的骰子點數為4，移動到 命運					叮哥茶飲 3000
命運 0000	機會： 命運：汽機車加油支付２０００元					命運 0000 C
老東台 4000	玩家 A 20100	玩家 B 18200	玩家 C 16000	玩家 D 19700		楊記地瓜 3000
刈一圓堡 4000	＞＞＞請玩家D按ＥＮＴＥＲ鍵擲骰子＜＜＜					湯蒸火鍋 3000
開始 0000	藍蜻蜓 2000	阿鋐炸雞B 2000 D	機會 0000	榕樹下 2000	林家 C 2000	休息一天 0000 AB

圖 16-9　玩家 C 移動結果

　　輪到玩家 D 擲骰子，結果來到了美食商店「楊記地瓜」，並同意支付 3,000 元買下「楊記地瓜」的經營權，玩家 D 的金額從 19,700 元變為 16,700 元。接著，照順序應該輪到玩家 A 來擲骰子，但因為玩家 A 停留在「休息一天」，接著的玩家 B 也同樣停留在「休息一天」，使得兩位玩家被迫休息一次不能擲骰子。因此，系統就直接提醒玩家 C 按 ENTER 鍵擲骰子繼續遊戲。

玩家A：Angus　玩家B：Tom　玩家C：David　玩家D：John

休息一天 0000	呷飽食堂 3500	濟州冰舖 3500	機會 0000	好初乾麵 3500	番薯伯 3500	休息三天 0000
阜宏燒餅 4000						卑南包子 3000
阿達滷味 4000	玩家D的骰子點數為6，移動到楊記地瓜					叮哥茶飲 3000
命運 0000	機會： 命運：					命運 0000 C
老東台 4000	玩家 A 20100	玩家 B 18200	玩家 C 16000	玩家 D 16700		楊記地瓜D 3000 D
刈一圓堡 4000	＞＞＞請玩家C按ＥＮＴＥＲ鍵擲骰子＜＜＜					湯蒸火鍋 3000
開始 0000	藍蜻蜓 2000	阿鋐炸雞B 2000	機會 0000	榕樹下 2000	林家 C 2000	休息一天 0000 AB

圖 16-10　玩家 D 移動結果且跳過玩家 A 和玩家 B

整個遊戲的過程就是如此進行與操作，畫面顯示也清楚、易解讀。

完成了以上的成果展示，整個「遊戲式運算思維學 Python 程式設計」已經接近尾聲，在前面的十五堂課裡，我們經歷了第一部分紙上談兵的作業，先了解運算思維的運作過程，接著認識各式各樣的桌遊並進行體驗，然後再嘗試根據自己的想法設計出一套有特色主題的大富翁桌遊來。設計的過程，需要花時間去想規則、配件等，也要去思考整個流程步驟要如何進行。最後，還要繪製出遊戲時步驟對應的流程圖。來到第二部分的上機實作，並不是要從無到有去思考如何寫程式，而是帶各位根據先前的流程圖與流程步驟，先用程式虛擬碼的方式將分解步驟撰寫出來，並學習如何將程式結構化。有了結構化與模組化的認識後，開始根據各單元模組進行解說，同時開始導入 Python 的程式語法，讓你知道要完成你設計的單元該用哪些程式語法來解決。如此一來，就更容易了解學程式語言到底可以用在哪兒、可以怎麼用了。

經過各單元的分析、設計、程式撰寫及測試後，確認都正確無誤且符合原先設計需求。再透過最終回的整合與測試，會發現要完成整個系統並非一開始想像的困難，因為每個單元都沒問題後，整合起來相當容易。最重要的是，在前面的流程步驟已經確認沒問題，所以最後整合起來完全不用擔心邏輯順序會出狀況且相當順利，節省了不少的時間。

在未來，各位可以在這架構上，去豐富大富翁的內容，例如：

* 增加機會與命運的牌卡數量；
* 除了買經營權外，可以增加展店的功能；
* 若沒有錢，可以賤賣財產來籌措資金；
* 增加陷阱卡來陷害玩家等。

只要按照這一系列的運算思維分析方式，不管要增加多少新的需求，都會是輕而易舉，且容易達成的。程式設計，沒有想像中的困難，只要用對分析方法，好好分析處理的流程步驟，成功撰寫出程式將會是可預期的。

最後，本書期望各位可以透過運算思維的處理過程，讓你在進行程式設計前完成面對問題、思考問題、設計問題到解決問題。因此，善加利用本書提出的結構化思考訓練模式，如下所示：

* 訓練一：了解問題
* 訓練二：撰寫處理步驟
* 訓練三：歸納與整理
* 訓練四：繪製流程圖

再搭配最後的流程圖轉換成程式語言階段，相信你也可以順利完成每一次的程式設計工作。

課後練習

1. 本書所提的結構化思考訓練模式為哪四個訓練？

國家圖書館出版品預行編目資料

遊戲式運算思維學 Python 程式設計/張隆君編著.
-- 初版. -- 新北市 : 全華圖書，2020.10
面 ； 公分
ISBN 978-986-503-516-7(平裝)

1.Python(電腦程式語言)

312.32P97   109016556

遊戲式運算思維學 Python 程式設計

作者 / 張隆君

執行編輯 / 李慧茹

封面設計 / 楊昭琅

發行人 / 陳本源

出版者 / 全華圖書股份有限公司

郵政帳號 / 0100836-1 號

印刷者 / 宏懋打字印刷股份有限公司

圖書編號 / 06455007

初版一刷 / 2020 年 10 月

定價 / 新台幣 390 元

ISBN / 978-986-503-516-7

全華圖書 / www.chwa.com.tw

全華網路書店 Open Tech / www.opentech.com.tw

若您對書籍內容、排版印刷有任何問題，歡迎來信指導 book@chwa.com.tw

臺北總公司(北區營業處)
地址：23671 新北市土城區忠義路 21 號
電話：(02) 2262-5666
傳真：(02) 6637-3695、6637-3696

中區營業處
地址：40256 臺中市南區樹義一巷 26 號
電話：(04) 2261-8485
傳真：(04) 3600-9806

南區營業處
地址：80769 高雄市三民區應安街 12 號
電話：(07) 381-1377
傳真：(07) 862-5562

全華圖書　敬上

讀者回函卡

（請由此線剪下）

掃 QRcode 線上填寫 ▶▶▶

姓名：

生日：西元 _____ 年 _____ 月 _____ 日　　性別：□男 □女

電話：（　　）　　　　　　手機：

e-mail：（必填）

通訊處：□□□□□（必填）

學歷：□高中・職　□專科　□大學　□碩士　□博士

職業：□工程師　□教師　□學生　□軍・公　□其他

學校／公司：　　　　　　　　科系／部門：

・需求書類：

□A. 電子　□B. 電機　□C. 資訊　□D. 機械　□E. 汽車　□F. 工管　□G. 土木　□H. 化工　□I. 設計

□J. 商管　□K. 日文　□L. 美容　□M. 休閒　□N. 餐飲　□O. 其他

・本次購買圖書為：　　　　　　　　書號：

・您對本書的評價：

封面設計：□非常滿意　□滿意　□尚可　□需改善，請說明

內容表達：□非常滿意　□滿意　□尚可　□需改善，請說明

版面編排：□非常滿意　□滿意　□尚可　□需改善，請說明

印刷品質：□非常滿意　□滿意　□尚可　□需改善，請說明

書籍定價：□非常滿意　□滿意　□尚可　□需改善，請說明

整體評價：請說明

・您在何處購買本書？

□書局　□網路書店　□書展　□團購　□其他

・您購買本書的原因？（可複選）

□個人需要　□公司採購　□親友推薦　□老師指定用書　□其他

・您希望全華以何種方式提供出版訊息及特惠活動？

□電子報　□DM　□廣告（媒體名稱　　　　　　　）

・您是否上過全華網路書店？（www.opentech.com.tw）

□是　□否　您的建議

・您希望全華出版哪些書籍？

・您希望全華加強哪些服務？

感謝您提供寶貴意見，全華將秉持服務的熱忱，出版更多好書，以饗讀者。

填寫日期：　　/　　/

註：數字零，請用 φ 表示，數字 1 與英文 L 請另註明並書寫端正，謝謝。

親愛的讀者：

感謝您對全華圖書的支持與愛護，雖然我們很慎重的處理每一本書，但恐仍有疏漏之處，若您發現本書有任何錯誤，請填寫於勘誤表內寄回，我們將於再版時修正，您的批評與指教是我們進步的原動力，謝謝！

全華圖書　敬上

勘　誤　表

書　號	頁　數	行　數	書　名	作　者
			錯誤或不當之詞句	建議修改之詞句

我有話要說：（其它之批評與建議，如封面、編排、內容、印刷品質等⋯⋯）